職業訓練の種類	普通職業訓練
訓練課程の種類	短期課程 一級技能士コース
改定承認年月日	平成12年9月19日
教材認定番号	第58400号

一級技能士コース

機械・プラント製図科

〈指 導 書〉

雇用・能力開発機構

職業能力開発総合大学校　能力開発研究センター編

は　し　が　き

この指導書は一級技能士コース「機械・プラント製図科」の訓練を受けるかたがたが使用する教科書の学習にあたって，その内容を容易に理解することができるように，学習の指針として編集したものである。

したがって，受講者が自学自習するにあたり，まずこの指導書により学習しようとするところの「学習の目標」及び「学習のねらい」をよく理解したうえで教科書の学習を進めることにより，学習効果を一層高めることができる。また，教科書の中で理解しにくいところについては「学習の手びき」に記載してある。

なお，この指導書の作成にあたっては，次のかたがたに作成委員としてご援助をいただいたものであり，その労に対し深く謝意を表する次第である。

作成委員（平成３年３月）　（五十音順）

池田興一　日本電気工業技術短期大学校
河原久忠　（元）職業訓練研究センター
公平富市　（元）東京職業訓練短期大学校
小山芳治郎　（元）職業訓練大学校
（作成委員の所属は執筆当時のものです。）

改定委員（平成12年10月）　（五十音順）

大谷　昇　職業能力開発総合大学校
河原久忠　（元）職業能力開発大学校
公平富市　（元）東京職業能力開発短期大学校
村上正也　（元）月島プラント工事（株）

監修委員

大谷　昇　職業能力開発総合大学校

平成12年10月

雇用・能力開発機構
職業能力開発総合大学校 能力開発研究センター

指導書の使い方

この指導書は，次のような学習指針に基づき構成されているので，この順序にしたがった使い方をすることにより，学習を容易にすることができる。

1．学習の目標

学習の目標は，教科書の各編（科目）の章ごとに，その章で学ぶことがらの目標を示したものである。

したがって，受講者は学習の始めにまず，その章の学習の目標をしっかりつかむことが必要である。

2．学習のねらい

学習のねらいは，学習の目標に到達するために教科書の各章の節ごとにこれを設け，その節で学ぶ内容について主眼となるような点を明らかにしたものである。

したがって，受講者は学習の目標のつぎに学習のねらいによって，その節でどのようなことがらを学習するかを知ることが必要である。

3．学習の手びき

学習の手びきは，受講者が学習の目標や学習のねらいをしっかりつかんで教科書の章および節の学習内容について自学自習する場合に，その内容のうち理解しにくい点や疑問の点，あるいはすでに学習したことの関係などわかりにくいことを解決するため，教科書の各章の節ごとに設け，学習しやすいようにしたものである。

したがって，受講者はこれを利用することによって，教科書の学習内容を深く理解することが必要である。

ただし，教科書だけの学習で理解ができる内容については，学習の手びきを省略したものもある。

4．学習のまとめ

学習のまとめは，受講者が学習事項を最後にまとめることができるように教科書の各章ごとに設けたものである。したがって，受講者はこれによって，その章で学んだことが，確実に理解できたか，疑問の点はないか，考え違いや見落としたものはないか，などを自分で反省しながら学習内容をまとめることが必要である。

5．学習の順序

教科書およびこの書を利用して学習する順序をまとめてみると，次のとおりになる。

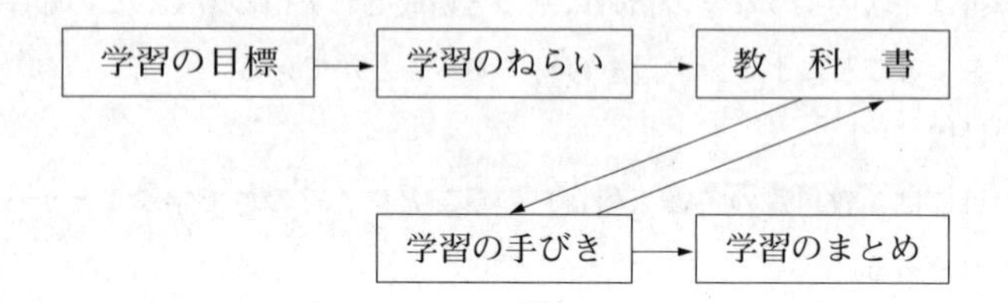

【教科書　指導書編】

目　　　次

第1編　製図一般

第２編　機械工作法一般

第３編　材　　　料

第4編　材 料 力 学

第5編 力 学

第6編　流体の基礎

第7編　熱 の 基 礎

第8編 電気の基礎

【選択　指導書編】

目　　　　次

第1編　機 械 要 素

第2編 機械工作法

第3編　材料試験

第4編　原　動　機

第5編　電気機械器具

第6編　機械製図とＪＩＳ規格

教科書　指導書編

第1編　製　図　一　般

製図は，工業生産の過程において，機械や装置の設計者が，その意図するところを指示するために図示するものである。したがって，設計者が違い，あるいは，その指示に従って作業をする人々が違うと，指示内容が正しく伝わらないようなことがあってはならない。

すなわち，製図に関する事項は，広く細部にいたるまで普遍的でなければならない。

日本工業規格（ＪＩＳ）は，原則として５年ごとに見直しが行われ，改正，確認または廃止の手続きがとられるとともに，新たなニーズに即したＪＩＳが制定されることになっている。

製図規格に関するＪＩＳは，教科書表１―１に見るように1999年に見直しを行った結果改訂された規格が多い。

第１編第１章第２節以下第３章第２節までは，この新たに改訂されたＪＩＳに基づいて述べるのでよく理解すること。

第１章　製図に関する日本工業規格

学習の目標

この章では，製図に関する普遍的なきまり，すなわち製図に関する日本工業規格について学ぶ。

第１節　製図規格

学習のねらい

ここでは，次のことがらについて学ぶ。

(1)　工業規格に関しての規格制定の歴史的背景と現状の中で，特に製図に関する

規格

(2)　主要工業国の外国規格特にＩＳＯとの関連

(3)　その他の関連規格

学習の手びき

製図規格の分類内容を理解すること。

第2節　製図総則

学習のねらい

ここでは，次のことがらについて学ぶ。

(1)　なぜ製図を必要とするのか，その目的は何か

(2)　製図総則（JIS Z 8310）と他の規格との関連

学習の手びき

国際的標準化と，工業の各分野で使用する「製図総則」の意義を理解すること。

第3節　製図用語

学習のねらい

ここでは，次のことがらについて学ぶ。

(1)　製図一般に関する用語

(2)　図面の様式に関する用語

(3)　製図に関する用語

(4)　図面の名称に関する用語

(5)　図面管理に関する用語

学習の手びき

製図用語の数は多いが，本文で例示した用語のほかに多くの用語が本章の第4節以降

第7章まで頻繁に使われているので，これらの用語についてよく理解すること。

第4節　製図用紙のサイズおよび図面の様式

学習のねらい

ここでは，次のことがらについて学ぶ。

(1)　用紙のサイズ
(2)　図面の様式
(3)　輪郭および輪郭線
(4)　表題欄
(5)　中心マークと方向マーク
(6)　図面に設けることが望ましい事項
(7)　印刷された製図用紙
(8)　部品欄，照合番号，来歴欄
(9)　図面の折り方

学習の手びき

図面に必ず設ける事項および設けることが望ましい事項など，図面のサイズについてのいろいろな用語と用い方について理解すること。

また，図面を折りたたむ場合の注意事項についても理解すること。

第5節　線の基本原則

学習のねらい

ここでは，次のことがらについて学ぶ。

(1)　線の種類の基本形とその変形
(2)　線の太さ
(3)　線の要素の長さ
(4)　線の表し方

学習の手びき

線の形と太さによる種類およびその用法に関するＪＩＳ Ｚ 8312が1999年に改訂され，従来の規格とは相違があるので，よく理解すること。

第６節　製図に用いる文字

学習のねらい

ここでは，次のことがらについて学ぶ。

⑴　文字の基本事項

⑵　文字の大きさと線の太さ

⑶　Ａ形とＢ形，直立体と斜体などの種類

⑷　ローマ字，数字および記号とギリシャ文字

⑸　平仮名，片仮名および漢字

学習の手びき

文字は，図形や線と同じ重要な要素であるからその種類について理解すること。

第７節　製図に用いる尺度

学習のねらい

ここでは，次のことがらについて学ぶ。

⑴　尺度とはどういうものか

⑵　尺度の種類と尺度の表し方と図示のしかた

学習の手びき

尺度の表し方を理解すること。

第8節　製図に用いる投影法

学習のねらい

ここでは，次のことがらについて学ぶ。

(1)　投影法の意味と種類

(2)　正投影法の中の第三角法，第一角法，矢示法および鏡像投影の違いと利点

(3)　軸測投影（等角投影，二等角投影，斜投影および透視投影）

学習の手びき

投影法と投影図に関するＪＩＳ　Ｚ　8315は大幅な改訂が行われ，従来の規格と異なる部分があるので，これに沿って述べているのでよく理解すること。

一般の機械製図には正投影法が原則として使われるが，軸測投影および透視投影は，対象物を１枚の平面上に立体的に表現することができるので，構造や取扱い法などの説明用として多用されており，プラントなどの配管系の図示にも広く使われているので，各種投影法について，その特長と表現法を理解すること。

第１章の学習のまとめ

この章では，製図に関する日本工業規格について，次のことがらを学んだ。

(1)　製図規格

(2)　製図総則

(3)　製図用語

(4)　製図用紙のサイズおよび図面の様式

(5)　線の基本原則

(6)　製図に用いる文字

(7)　製図に用いる尺度

(8)　製図に用いる投影法

【練習問題の解答】

（1）　第３節参照

（2）　第４節4.2参照

（3）　第５節5.2参照

（4）　第６節6.2⑵参照

（5）　第７節7.1参照

（6）　第８節8.2参照

第2章　製図における図形の表し方の原則

学習の目標

製図においては，投影図の主投影と補助投影，部分投影や局部投影をはじめ，表現方法の巧拙によって，その製図の指示内容が正しく伝わらない場合が起こり得るので，各種の図示法をよく学習しなければならない。

なお，この章で学ぶ投影図は正投影法によっている。

第1節　投影図の示し方

学習のねらい

ここでは，次のことがらについて学ぶ。

(1)　投影図

(2)　投影図の選択

(3)　特殊な投影図

(4)　部分投影図

(5)　局部投影図

(6)　線

学習の手びき

立体の対象物を，平面の図面上に正しく表現する投影図については第1章において学んだが，ここでは，正投影図で図面を描く場合の原則と，対象物に応じてどのような投影図を選ぶかについてよく理解すること。また，線の種類と使い方についてもよく理解すること。

第２節　断面図の示し方

学習のねらい

ここでは，次のことがらについて学ぶ。

(1)　断面図に関する注意
(2)　ハッチング
(3)　薄肉部の断面
(4)　回転および移動して示す断面
(5)　半断面図
(6)　部分断面図
(7)　一連の断面図の配置

学習の手びき

対象物の形や図面の目的によって，適切な断面図を選ぶことができるように，断面の示し方をよく理解すること。

断面の示し方を誤ると，例えば2.1項の断面図に関する注意の中で原則として断面図を描かないものを断面図に描いてしまうと，かえってその対象物がわからなくなるものがあることや，対象物に応じて各種の断面図示の方法があることをよく理解すること。

第３節　特別な図示方法

学習のねらい

ここでは，次のことがらについて学ぶ。

(1)　隣接部分
(2)　相貫
(3)　平面をもつ軸端部と開口部の図示方法
(4)　切断面の前側にある部品
(5)　対称部品の投影図

⑹　中間部分を省略した投影図

⑺　繰返し図形の省略

⑻　拡大図

⑼　加工前の形状

⑽　その他の事項

学習の手びき

図を見やすく，理解しやすくするための特別な図示方法は，製図を行うときの労力や紙面の効率的な使い方をすることができることをよく理解すること。

第２章の学習のまとめ

この章では，製図における図形の表し方の原則について，次のことがらを学んだ。

⑴　投影図の示し方

⑵　断面図の示し方

⑶　特別な図示方法

【練習問題の解答】

（１）　第１節表１―14参照

（２）　第２節2.1参照

（３）　第３節3.2参照

（４）　第３節3.4参照

第3章　製図における寸法記入方法

学習の目標

製図の目的は，どのようなもの（形や大きさなど）を作るのかを指示することにある。したがって，作成された図面には，その大きさなどを簡明に示す必要がある。

この章では，図面を作成する場合に用いる寸法記入方法について学習する。

第1節　寸法記入の一般原則

学習のねらい

ここでは，次のことがらについて学ぶ。

(1)　寸法についての定義

(2)　寸法記入の一般原則の適用

学習の手びき

寸法とはどのようなことか，寸法を記入する対象（形体），製品と寸法を記入するときの一般原則についてよく理解すること。

第2節　寸法記入方法

学習のねらい

ここでは，次のことがらについて学ぶ。

(1)　寸法線・寸法補助線・引出線・端末記号などの寸法記入要素

(2)　寸法数値（長さや角度）の記入法

(3)　寸法の配置と指示方法

(4)　特殊な指示方法

(5)　高さの指示方法

学習の手びき

寸法の記入に当たっては，ＪＩＳに詳細な規定があり，それぞれの寸法記入要素の種類と，その使い方をよく理解すること。

第３章の学習のまとめ

この章では，製図における寸法記入方法について，次のことがらを学んだ。

(1)　寸法記入の一般原則

(2)　寸法記入方法

【練習問題の解答】

（１）　第１節1.1参照

（２）　第２節2.1参照

（３）　第２節2.5図１―110参照

第4章　製図に必要な記号

学習の目標

この章では，製図に必要な溶接記号，配管図示方法，材料記号について学習する。

現代の機械工業における溶接加工の占める領域は広く，鉄鋼から非鉄金属までの各種の材料に対して，その溶接方法も多岐にわたっている。

このような溶接方法を，製図の中で指示するための記号がＪＩＳで詳細に定められている。また，化学装置をはじめ各種の設備に用いられる配管についての図示方法もＪＩＳでは1998に改訂されている。

この章では，これらのことと，材料記号についても学習する。

第1節　溶接記号

学習のねらい

ここでは，次のことがらについて学ぶ。

(1)　溶接継手と開先の種類

(2)　溶接基本記号と補助記号

(3)　溶接記号の記入方法

学習の手びき

溶接部の基本記号，補助記号およびその表示方法について理解すること。

第2節　配管の簡略図示方法

学習のねらい

ここでは，次のことがらについて学ぶ。

(1)　配管図と系統線図

(2)　すべての材料と，あらゆる種類の管と配管の簡略図示法の通則および正投影図
(3)　従来用いられてきた簡略図示法
(4)　配管の等角投影図
(5)　換気系および排水系の末端装置

学習の手びき

配管の基本的な図記号および正投影と等角投影による簡略図示方法について理解すること。

第3節　材料記号

学習のねらい

ここでは，次のことがらについて学ぶ。

(1)　鉄鋼材料の記号と表し方
(2)　一般部品用非鉄金属材料の記号と表し方

学習の手びき

材料記号は，図面に広く使われている。

記号の構成を知り，材料記号の表示をよく理解すること。

第4章の学習のまとめ

この章では，製図に必要な記号について，次のことがらを学んだ。

(1)　溶接記号
(2)　配管簡略図示記号
(3)　材料記号

【練習問題の解答】

（１）　第１節1.3　(1)は図１―126，(2)は図１―125参照

（２）　第１節1.3図１―128参照

（３）　第２節2.1(2)参照

（４）　第２節2.1図１―150参照

（５）　第２節2.2図１―171参照

（６）　第３節3.1，3.2参照

第5章　製図用機器

学習の目標

この章では，図面の作成に用いる機器について学習する。

第1節　製図器具

学習のねらい

ここでは，次のことがらについて学ぶ。

(1)　製図板と製図台

(2)　製図器

(3)　その他の製図器

学習の手びき

製図器具の種類と，その使い方についてよく理解すること。

第2節　製図用設備

学習のねらい

ここでは，次のことがらについて学ぶ。

(1)　一般製図用機械

(2)　複写機など

学習の手びき

製図機械，複写機などについて理解すること。

第５章の学習のまとめ

この章では，製図用機器について，次のことがらを学んだ。

(1)　製図器具

(2)　製図用設備

【練習問題の解答】

（１）　第１節1.2，1.4参照

（２）　第１節1.4参照

第6章　用 器 画 法

学習の目標

この章では，製図の画法の基礎知識としての平面図形と立体図形の表し方について学習する。

用器画は，教科書でも述べているように，コンパス，定規，分度器などを使って，平面図形を描いたり，線分，円，角度などの分割を行ったり，立体図形や相貫図，展開図などを描いたものであるが，特に平面図形の作図法では，幾何学の定理の応用によるものや，数学計算によって検証されるものが多いので，これらの点に注意して学習するとよい。

第1節　平 面 図 形

学習のねらい

ここでは，次のことがらについて学ぶ。

(1)　直線および角の作図と等分

(2)　正多角形

(3)　円および円弧の作図と等分（インボリュート曲線とサイクロイド曲線を含む）

(4)　円すい曲線（だ円，放物線，双曲線）

学習の手びき

ここでは，平面図形の直線と円，角と円弧は，それぞれ，用器画法の基本となる事項なので，その正しい描き方とともに，幾何学的，あるいは数学的根拠についてもよく理解すること。

第2節　立体図形

学習のねらい

ここでは，次のことがらについて学ぶ。

⑴ 正多面体
⑵ 角柱の投影
⑶ 角すいの投影
⑷ 円柱の投影
⑸ 円すいの投影
⑹ 球面上の点の投影
⑺ 立体の切断
⑻ 立体の展開
⑼ 立体の相貫

学習の手びき

製図にもっとも重要な基礎事項であるから，立体の投影についてよく理解すること。

第6章の学習のまとめ

この章では，用器画法について，次のことがらを学んだ。

⑴ 平面図形
⑵ 立体図形

【練習問題の解答】

（1）第1節1.1参照
（2）第1節1.3参照
（3）第1節1.4参照
（4）第2節2.3参照

第７章　ＣＡＤ用語

学習の目標

この章では，ＣＡＤ製図について学習する。

第１節　ＣＡＤ／ＣＡＭシステム導入の背景

学習のねらい

ここでは，次のことがらについて学ぶ。

(1)　ＣＡＤ／ＣＡＭシステム導入の目標

(2)　ＣＡＤ／ＣＡＭシステムに期待される効果

学習の手びき

ＣＡＤ／ＣＡＭシステムは生産業と密接に関係し，発展してきたところの概要についてよく理解すること。

第２節　ＣＡＤシステムの目的

学習のねらい

ここでは，次のことがらについて学ぶ。

(1)　二次元ＣＡＤの目的

(2)　三次元ＣＡＤの目的

学習の手びき

ＣＡＤシステムの二次元，三次元の違いを理解し，製品設計に役立たせること。

第３節　ＣＡＤシステムを構成する機器

学習のねらい

ここでは，次のことがらについて学ぶ。

(1)　システムを構成する機器

(2)　機器の処理する内容

学習の手びき

各機器の接続を理解し，効果的な利用ができるようにすること。

第４節　ＣＡＤシステムの機能

学習のねらい

ここでは，次のことがらについて学ぶ。

(1)　基本要素と階層構造

(2)　表示操作と制御

(3)　システムのメニュー

(4)　コマンド

(5)　図形処理

学習の手びき

ＣＡＤシステムの機能について十分に理解すること。

第７章の学習のまとめ

この章では，ＣＡＤ製図について，次のことがらを学んだ。

(1)　ＣＡＤ／ＣＡＭシステムとの関係

(2)　ＣＡＤシステムの目的，構成，機能

【練習問題の解答】

（１）　第２節参照

（２）　第３節参照

（３）　第４節参照

第２編　機械工作法一般

主として金属材料を加工して製品を作りあげる過程で，その加工手段は千差万別である。機械工作法は一般に切断や研削による機械加工をはじめ鋳造，鍛造，溶接，金属の表面処理など広い分野にわたっている。

本編では，このような機械工作法の中の溶接と表面処理について学習する。

第１章　溶　　接

学習の目標

この章では，溶接作業の基礎となる種類，方法および溶接部の欠陥と対策について学習する。

第１節　溶接の特徴と溶接法の分類

学習のねらい

ここでは，次のことがらについて学ぶ。

(1)　溶接の特徴と溶接法の分類

(2)　溶接法の長所と短所

学習の手びき

溶接の特徴および溶接法の分類と，溶接に対する注意事項の要点を理解すること。

第2節　溶接の方法と用途

学習のねらい

ここでは，次のことがらについて学ぶ。

(1) アーク溶接の方法，種類と長所，短所
(2) 溶接ロボット
(3) サブマージアーク溶接の特徴
(4) イナートガスアーク（ＭＩＧとＴＩＧ）溶接の特徴
(5) プラズマ溶接と用途
(6) 炭酸ガスアーク溶接の方法
(7) レーザ溶接と用途
(8) スポット溶接と用途
(9) シーム溶接の方法
(10) 電子ビーム溶接の原理と特徴
(11) ガス溶接の特徴

学習の手びき

溶接の方法と用途における要点を理解すること。

第3節　溶接作業の熱影響と防止および是正方法

学習のねらい

ここでは，次のことがらについて学ぶ。

(1) 溶接の欠陥の種類
(2) 欠陥の発見法
(3) 溶接の欠陥の除去

学習の手びき

溶接における熱影響とひずみの関係，外部から発見できる欠陥と内部に発生する欠陥の種類とその除去方法について理解すること。

第4節　溶　　断

学習のねらい

ここでは，次のことがらについて学ぶ。

(1)　溶断の特徴

(2)　ガス切断，プラズマ切断，レーザ切断

(3)　エアアークガウジング

学習の手びき

溶断の特徴と切断方法を理解すること。

第5節　ろう付けの種類および用途

学習のねらい

ここでは，次のことがらについて学ぶ。

(1)　硬ろう

(2)　軟ろう

学習の手びき

ろう付けの種類および用途における要点を理解すること。

第1章の学習のまとめ

この章では，溶接作業について，次のことがらを学んだ。

(1)　溶接の原理

(2)　溶接の種類，方法および用途

(3)　溶接作業の熱影響と防止および是正方法

(4)　溶断の種類と用途

(5)　ろう付けの種類および用途

【練習問題の解答】

（1）　第1節1.1参照

（2）　第2節2.1参照

（3）　第2節2.3参照

（4）　第3節3.1(1)参照

（5）　第4節(4)参照

第2章　表面処理

学習の目標

この章では，表面処理方法の種類，用途およびその効果について学習する。

第1節　防せいの方法と用途

学習のねらい

ここでは，次のことがらについて学ぶ。

(1)　防せいの意味とその必要性

(2)　電気めっきと溶融めっきおよび溶射めっき

(3)　化成処理

(4)　防せい油

(5)　気化性防せい紙

(6)　塗装

学習の手びき

防せいの種類と使用方法における要点の概略を理解すること。

第2節　酸洗いと洗浄

学習のねらい

ここでは，さび落し，酸づけ，脱脂，洗浄について学ぶ。

学習の手びき

酸洗いと洗浄の目的および方法における要点の概略を理解すること。

第２章の学習のまとめ

この章では，表面処理について，次のことがらを学んだ。

⑴　防せいの方法と用途

⑵　酸洗いと洗浄

【練習問題の解答】

（１）　第１節1.1参照

（２）　第１節1.2参照

（３）　第２節ａ.参照

第3編　材　　　　料

材料は機械を作るための基礎となる金属材料の種類，性質，熱処理および非金属材料である合成樹脂，木材，コンクリート，接着剤，油脂類について学習する。

第1章　金 属 材 料

学習の目標

この章では，鉄鋼材料と非金属材料について学習する。

第1節　鋳鉄と鋳鋼

学習のねらい

ここでは，次のことがらについて学ぶ。

(1)　ねずみ鋳鉄　　(2)　球状黒鉛鋳鉄

(3)　可鍛鋳鉄　　(4)　鋳鋼

学習の手びき

鋳鉄と鋳鋼の性質と用途を理解すること。

第2節　炭素鋼と合金鋼および特殊用途鋼

学習のねらい

ここでは，次のことがらについて学ぶ。

(1)　炭素鋼　　(2)　合金鋼および特殊用途鋼

学習の手びき

炭素鋼と合金鋼の種類と用途を理解すること。

第3節　銅と銅合金

学習のねらい

ここでは，次のことがらについて学ぶ。

(1)　銅

(2)　銅合金

学習の手びき

銅の性質と銅合金の種類と用途を理解すること。

第4節　アルミニウムとアルミニウム合金

学習のねらい

ここでは，次のことがらについて学ぶ。

(1)　アルミニウム

(2)　アルミニウム合金

学習の手びき

アルミニウムの性質と用途，アルミニウム合金の種類，性質と用途を理解すること。

第1章の学習のまとめ

この章では，金属材料について，次のことがらを学んだ。

(1)　鋳鉄と鋳鋼

(2)　炭素鋼と合金鋼および特殊用途鋼

(3)　銅と銅合金

(4)　アルミニウムとアルミニウム合金

【練習問題の解答】

（1）　第1節1.1(1)のａ，ｂ，ｃ，ｄ，ｅ，ｆ参照

（2）　①　第1節1.1(2)のｂ.参照

　　　②　同上ｃ.参照

　　　③　第1節1.2参照

（3）　第1節1.3参照

（4）　第1節1.4の(1)，(2)，(3)参照

（5）　第3節3.2の(1)，(3)参照

（6）　第2節2.2の(8)のａ，ｂ，ｃ参照

（7）　第4節4.2の(1)のａ，ｂ，ｃと(2)参照

第2章　金属材料の性質

学習の目標

この章では，金属材料の性質について学習する。

第1節　引張強さ

学習のねらい

ここでは，金属材料の引張強さについて学ぶ。

学習の手びき

引張強さの表示方法を理解すること。

第2節　降伏点および耐力

学習のねらい

ここでは，降伏点と耐力について学ぶ。

学習の手びき

降伏点と耐力について表示方法を理解すること。

第3節　伸びおよび絞り

学習のねらい

ここでは，次のことがらについて学ぶ。

(1)　伸び　　(2)　絞り

学習の手びき

伸びの種類と絞りを理解すること。

第4節　延性および展性

学習のねらい

ここでは，次のことがらについて学ぶ。

(1)　延性

(2)　展性

学習の手びき

延性および展性を理解すること。

第5節　硬　　　さ

学習のねらい

ここでは，硬さについて学ぶ。

学習の手びき

硬さの意味を理解すること。

第6節　加 工 硬 化

学習のねらい

ここでは，加工硬化について学ぶ。

学習の手びき

加工硬化の現象を理解すること。

第7節　もろさおよび粘り強さ

学習のねらい

ここでは，もろさおよび粘り強さについて学ぶ。

学習の手びき

もろさおよび粘り強さを理解すること。

第8節　疲 れ 強 さ

学習のねらい

ここでは，疲れ強さについて学ぶ。

学習の手びき

疲れ強さとはどのようなことかを理解すること。

第9節　熱　膨　張

学習のねらい

ここでは，熱膨張について学ぶ。

学習の手びき

熱膨張の大きいものと小さいものとがあることを理解すること。

第10節　熱　伝　導

学習のねらい

ここでは，熱伝導について学ぶ。

学習の手びき

熱伝導の大きいものと小さいものがあることを理解すること。

第11節　電気伝導

学習のねらい

ここでは，電気伝導について学ぶ。

学習の手びき

電気伝導の大きいものと小さいものがあり，特に合金は一般に電気伝導が小さいことを理解すること。

第12節　比　　重

学習のねらい

ここでは，比重について学ぶ。

学習の手びき

金属の比重を理解すること。

第２章の学習のまとめ

この章では，金属の性質について，次のことがらを学んだ。

⑴　引張強さ
⑵　降伏点および耐力
⑶　伸びおよび絞り
⑷　延性および展性
⑸　硬さ
⑹　加工硬化
⑺　もろさおよび粘り強さ

⑻　疲れ強さ

⑼　熱膨張

⑽　熱伝導

⑾　電気伝導

⑿　比重

【練習問題の解答】

（1）　①　第1節参照

②　第2節参照

③　第2節参照

④　第3節(1)～(4)参照

⑤　第3節(5)参照

⑥　第4節参照

⑦　第6節参照

⑧　第8節参照

⑨　第9節参照

⑩　第10節参照

（2）　第10節表3—18参照

（3）　第12節表3—20参照

第3章　金属材料の熱処理

学習の目標

この章では，金属材料の熱処理方法とその用途について学習する。

第1節　焼　入　れ

学習のねらい

ここでは，焼入れについて学ぶ。

学習の手びき

焼入れ温度と冷却速度により，組織が異なることを理解すること。

第2節　焼もどし

学習のねらい

ここでは，焼もどしについて学ぶ。

学習の手びき

焼もどし温度と組織の変化を理解すること。

第3節　焼なまし

学習のねらい

ここでは，次のことがらについて学ぶ。

(1)　完全焼なまし

(2)　軟化焼なまし

(3)　応力除去焼なまし

学習の手びき

焼なましの種類と組織の変化を理解すること。

第4節　焼ならし

学習のねらい

ここでは，焼ならしについて学ぶ。

学習の手びき

焼ならしの方法と組織を理解すること。

第5節　表面硬化処理

学習のねらい

ここでは，次のことがらについて学ぶ。

(1)　浸炭法

(2)　窒化法

(3)　表面焼入れ

(4)　熱処理の注意事項

学習の手びき

表面硬化処理の方法を理解すること。

第3章の学習のまとめ

この章では，金属材料の熱処理について，次のことがらを学んだ。

(1)　焼入れ

(2)　焼もどし

⑶　焼なまし

⑷　焼ならし

⑸　表面硬化処理

【練習問題の解答】

（1）　①　第1節参照

②　第2節参照

③　第4節参照

④　第3節参照

⑤　第1節参照

⑥　第1節参照

⑦　第1節参照

（2）　第1節参照

（3）　第5節参照

第4章　非金属材料

学習の目標

この章では，合成樹脂，木材，コンクリートなどの，非金属材料について学習する。

第1節　合成樹脂

学習のねらい

ここでは，次のことがらについて学ぶ。

(1)　熱硬化性樹脂　　(2)　熱可塑性樹脂

(3)　プラスチックの成形

学習の手びき

合成樹脂の種類と用途を理解すること。

第2節　ゴム

学習のねらい

ここでは，ゴムについて学ぶ。

学習の手びき

ゴムの性質と用途を理解すること。

第3節　木材

学習のねらい

ここでは，木材について学ぶ。

学習の手びき

木材の性質と用途を理解すること。

第4節　コンクリート

学習のねらい

ここでは，コンクリートについて学ぶ。

学習の手びき

コンクリートの配合比と性質を理解すること。

第5節　接　着　剤

学習のねらい

ここでは，接着剤について学ぶ。

学習の手びき

接着剤の種類と使用方法を理解すること。

第6節　油　脂　類

学習のねらい

ここでは，次のことがらについて学ぶ。

(1)　潤滑油剤

(2)　切削油剤

学習の手びき

潤滑油剤と切削油剤の種類と用途を理解すること。

第４章の学習のまとめ

この章では，非金属材料について，次のことがらを学んだ。

(1)　合成樹脂

(2)　ゴム

(3)　木材

(4)　コンクリート

(5)　接着剤

(6)　油脂類

【練習問題の解答】

（１）　第１節1.1参照

（２）　第１節1.2参照

（３）　第３節参照

（４）　第５節5.1，5.2，5.3参照

第4編　材　料　力　学

材料力学の目的，重要性については，教科書の序文で述べてあるが，材料力学の知識は，設計技術者にとって必須のものであると同時に，工業に携わる者の一般知識として学習しなければならないものである。

設計者の考案，創造をもっとも完全かつ明瞭に表現する方法が製図である。設計者と対話し，設計図（計画図）から製作図などを作るさいに，材料力学の知識が活かされるであろう。

節の要所にある例題および章末の練習問題によって理解を深めることができる。

計算に関数付電卓を使用すれば，正確で能率よくできる。

第1章　荷重，応力およびひずみ

学習の目標

この章では，材料力学の基礎となる荷重，応力およびひずみについて学習する。

第1節　荷重と応力

学習のねらい

ここでは，次のことがらについて学ぶ。

(1)　荷重の種類

(2)　応力の種類

(3)　単純応力の計算と国際単位〔SI〕

学習の手びき

荷重，応力の種類およびその計算法についてよく理解すること。

〔参考〕

SI単位：1960年の国際度量衡総会で国際単位系（SI）が採択され，1971年からＩＳＯ規格にSIが採用されることになった。わが国でも1974年４月以降制定・改正されるＪＩＳにおいては，この新しい単位系であるSIを採用している。

SI：International System of Units

ＩＳＯ：International Organization for Standardization

第２節　応力とひずみの関係

学習のねらい

ここでは，次のことがらについて学ぶ。

(1)　ひずみの種類

(2)　応力ひずみ線図

(3)　弾性係数

学習の手びき

応力とひずみの関係をよく理解すること。

第３節　応力集中

学習のねらい

ここでは，次のことがらについて学ぶ。

(1)　切欠きの影響

(2)　応力集中係数

学習の手びき

切欠きの影響についてよく理解すること。

第4節　安　全　率

学習のねらい

ここでは，次のことがらについて学ぶ。

⑴　許容応力

⑵　安全率の決定法

⑶　疲労限度

学習の手びき

荷重の種類による安全率のとり方および疲労についてよく理解すること。

第1章の学習のまとめ

この章では，材料力学の基礎として，次のことがらを学んだ。

⑴　荷重と応力

⑵　応力とひずみの関係

⑶　応力集中

⑷　安全率

【練習問題の解答】

（1）　①　第2節2.2表4―4参照

②　同　上

③　第2節2.2⑶参照

④　第4節4.1参照

⑤　第4節参照

（2）　第3節図4―18参照

①　$d/b=\frac{20}{100}=0.2$　$\therefore \alpha_k=2.5$

②　$d/b=\frac{60}{75}=0.8$　$\therefore \alpha_k=2$

答 α_k (1) 2.5　　　(2) 2

（3） 式（1・2）より，

$$\sigma_C = \frac{W}{A} = \frac{20\times10^3\ [\mathrm{N}]}{\frac{\pi}{4}40^2\ [\mathrm{mm}^2]} = \frac{4\times20\times10^3\ [\mathrm{N}]}{3.14\times40^2\ [\mathrm{mm}^2]}$$

$$=15.9\ [\mathrm{N/mm}^2] = 15.9\times10^6\ [\mathrm{N/m}^2] = 15.9\ [\mathrm{MPa}]$$

答　15.9 MPa

（4） 式（1・4）$\varepsilon = \dfrac{\lambda}{\ell_0}$ より，

$$\lambda = \varepsilon \ell_0 = 0.0004\times300\ [\mathrm{mm}] = 0.12\ [\mathrm{mm}]$$

答　0.12 mm

（5） 式（1・3）より，

$$\sigma = \frac{W}{A} = \frac{30\times10^3\ [\mathrm{N}]}{3\times3\ [\mathrm{cm}^2]} = 3.33\times10^3\ [\mathrm{N/cm}^2]$$

$$= 3.33\times10^7\ [\mathrm{N/m}^2] = 33.3\ [\mathrm{MPa}]$$

式（1・6）より，

$$\gamma = \frac{\lambda}{\ell} = \frac{0.02\ [\mathrm{cm}]}{3\ [\mathrm{cm}]} = 0.0067$$

答　$\tau = 33.3$ MPa　　　$\gamma = 0.0067$

（6） 式（1・7）より，

$$E = \frac{W\ell_0}{A\lambda} = \frac{5\times10^3\times2\times10^3}{50\times1}\ [\mathrm{N/mm}^2] = 0.2\times10^6\ [\mathrm{N/mm}^2]$$

$$= 0.2\times10^{12}\ [\mathrm{N/m}^2] = 200\times10^9\ [\mathrm{N/m}^2] = 200\ [\mathrm{GPa}]$$

答　200GPa

（7） 式（1・4）より，

$$\varepsilon = \frac{\lambda}{\ell_0} = \frac{0.18\ [\mathrm{mm}]}{200\ [\mathrm{mm}]} = 9\times10^{-4}$$

式（1・5）より，

$$\varepsilon' = \frac{\delta}{d_0} = \frac{0.006\ [\mathrm{mm}]}{15\ [\mathrm{mm}]} = 4\times10^{-4}$$

式（1・9）より，

$$\frac{1}{m}=\frac{\varepsilon'}{\varepsilon}=\frac{4\times10^{-4}}{9\times10^{-4}}=\frac{1}{2.25}$$

答　$\frac{1}{2.25}$ または0.44

（8）式（1・13）より，

$$\sigma_a=\frac{\sigma_B}{S}=\frac{410}{5}\ \text{〔MPa〕}=82\ \text{〔MPa〕}$$

式（1・1）$\sigma_t=\frac{W}{A}$ より，$A=\frac{W}{\sigma_t}=\frac{\pi d^2}{4}$

$$d=\sqrt{\frac{4W}{\pi\sigma_t}}=\sqrt{\frac{4\times150\times10^3}{3.14\times82\times10^6}}\ \text{〔m〕}=\sqrt{2.33\times10^{-3}}\ \text{〔m〕}$$

$$=0.0483\ \text{〔m〕}=48.3\ \text{〔mm〕}$$

答　48.3 mm

第2章　は　　り

学習の目標

この章では，曲げ作用を受けるはりの基本的事項について学習する。

第1節　はりの種類と荷重

学習のねらい

ここでは，次のことがらについて学ぶ。

(1)　はりの種類

(2)　はりにかかる荷重

学習の手びき

はりの種類と荷重についてよく理解すること。

第2節　はりに働く力のつりあい

学習のねらい

ここでは，次のことがらについて学ぶ。

(1)　外力およびモーメントのつりあい

(2)　せん断力

(3)　曲げモーメント

学習の手びき

せん断力と曲げモーメントについて理解すること。

第3節　せん断力図と曲げモーメント図

学習のねらい

ここでは，次のことがらについて学ぶ。

(1)　せん断力図と曲げモーメント図
(2)　集中荷重を受ける片持ばり
(3)　集中荷重を受ける単純ばり
(4)　等分布荷重を受ける片持ばり
(5)　等分布荷重を受ける単純ばり
(6)　集中荷重と等分布荷重を受ける片持ばり
(7)　集中荷重と等分布荷重を受ける単純ばり

学習の手びき

静定ばりのせん断力図と曲げモーメント図をよく理解すること。

第4節　はりに生ずる応力

学習のねらい

ここでは，次のことがらについて学ぶ。

(1)　曲げ応力
(2)　断面二次モーメントと断面係数
(3)　曲げ応力の算出
(4)　平等強さのはり

学習の手びき

曲げ応力の算出についてよく理解すること。

第5節　はりのたわみ

学習のねらい

ここでは，はりのたわみについて学ぶ。

学習の手びき

はりのたわみについてよく理解すること。

第6節　不静定ばり

学習のねらい

ここでは，不静定ばりについて学ぶ。

学習の手びき

不静定ばりの強さについてよく理解すること。

第2章の学習のまとめ

この章では，曲げ作用を受けるはりについて，次のことがらを学んだ。

(1)　はりの種類と荷重

(2)　はりに働く力のつりあい

(3)　せん断力図と曲げモーメント図

(4)　はりに生ずる応力

(5)　はりのたわみ

(6)　不静定ばり

【練習問題の解答】

（1）　(a)　B点のモーメントのつりあい式（2・1）～（2・3）より，

$$1600\times2-R_A\times8=0 \qquad R_A=\frac{3200}{8}=400\ \text{〔N〕}$$

$R_B = 1600 - R_A = 1200$〔N〕

(b)　B点のモーメントのつりあい式より，

$8000 \times 0.9 + 6000 \times 1.2 - R_A \times 1.8 = 0$

$R_A = \dfrac{7200 + 7200}{1.8} = 8000$〔N〕

$R_B = 8000 + 6000 - R_A = 6000$〔N〕

答	R_A	R_B
(a)	400 N	1200 N
(b)	8000 N	6000 N

（2）　式（2・3）より，

$R_A = \dfrac{Wb}{\ell} = \dfrac{4 \times 1.7}{2.5}$〔kN〕$= 2.72$〔kN〕

$R_B = W - R_A = 4 - 2.72 = 1.28$〔kN〕

$F_{AC} = R_A = 2.72$〔kN〕

$F_{CB} = -R_B = -1.28$〔kN〕

式（2・6）より，

$M_{max} = R_A \cdot a = 2.72$〔kN〕$\times 0.8$〔m〕$= 2.18$〔kN・m〕

答　2.18 kN・m

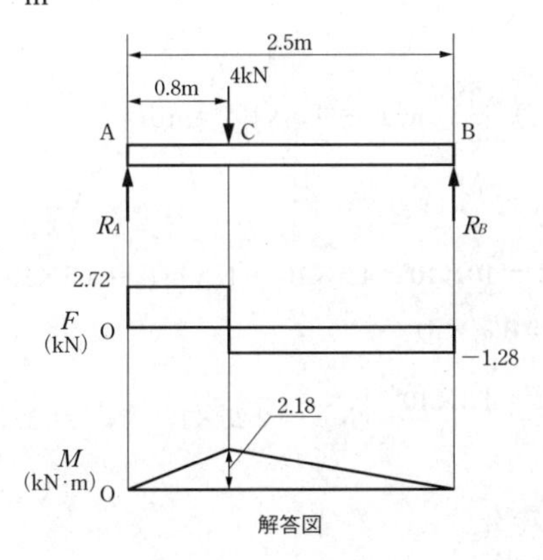

解答図

（3）　表4—8より，

$Z = \dfrac{1}{6} bh^2 = \dfrac{0.04 \times 0.1^2}{6}$〔$m^3$〕$= 6.67 \times 10^{-5}$〔$m^3$〕

式（2・13）より，

$$\sigma_{\max} = \frac{M}{Z} = \frac{2.18\times10^{3}}{6.67\times10^{-5}} \text{〔N／m}^2\text{〕} = 0.327\times10^{8} \text{〔N／m}^2\text{〕} = 32.7 \text{〔MPa〕}$$

答　32.7 MPa

（4）　式（2・5）より，

$$M_{\max} = W\ell = 5\times2.5 = 12.5 \text{〔kN・m〕} = 12.5\times10^{3} \text{〔N・m〕}$$

式（2・13）より，

$$Z = \frac{M}{b} = \frac{12.5\times10^{3}}{30\times10^{6}} \text{〔m}^3\text{〕} = 0.417\times10^{-3} \text{〔m}^3\text{〕}$$

$$\frac{b}{h} = \frac{2}{3} \text{より，} b = \frac{2}{3}h$$

表4―8より，

$$Z = \frac{bh^2}{6} = \frac{\frac{2}{3}h\cdot h^2}{6} = \frac{h^3}{9}$$

$$h = \sqrt[3]{9\times Z} = \sqrt[3]{9\times0.417\times10^{-3}} \text{〔m〕} = 0.1554 \text{〔m〕}$$

$$b = \frac{2}{3}h = \frac{2}{3}\times0.1554 = 0.1036 \text{〔m〕}$$

答　$h = 155.4$ mm　　　$b = 103.6$ mm

（5）　表4―8より，

$$Z = \frac{h^3}{6} = \frac{0.3^3}{6} \text{〔m}^3\text{〕} = 4.5\times10^{-3} \text{〔m}^3\text{〕}$$

式（2・13）$\sigma_b = \dfrac{M}{Z}$ より，

$$M = \sigma_b Z = 10\times10^{6}\times4.5\times10^{-3} \text{〔N・m〕} = 4.5\times10^{4} \text{〔N・m〕}$$

式（2・5）$M = W\ell$ より，

$$W = \frac{M}{\ell} = \frac{4.5\times10^{4}}{2} \text{〔N〕} = 2.25\times10^{4} \text{〔N〕} = 22.5 \text{〔kN〕}$$

答　22.5 kN

（６）　図４—48より，

$$M_{max} = \frac{w\ell^2}{12} = \frac{5 \times 600^2}{12} \text{〔N・mm〕} = 1.5 \times 10^5 \text{〔N・mm〕}$$

$$= 1.5 \times 10^2 \text{〔N・m〕}$$

表４—８より，

$$Z = \frac{\pi d^3}{32} = \frac{3.14 \times 0.03^3}{32} \text{〔m}^3\text{〕} = 2.65 \times 10^{-6} \text{〔m}^3\text{〕}$$

$$\sigma_{max} = \frac{M}{Z} = \frac{1.5 \times 10^2}{2.65 \times 10^{-6}} \text{〔N／m}^2\text{〕} = 0.566 \times 10^8 \text{〔N／m}^2\text{〕} = 56.6 \text{〔MPa〕}$$

表４—９より，$\beta = \frac{1}{384}$

$Z = \frac{I}{y}$ より，　$I = Zy = 2.65 \times 10^{-6} \times 0.015$〔m^4〕$= 3.98 \times 10^{-8}$〔m^4〕

式（２・14）より，

$$\delta_{max} = \beta \frac{W\ell^3}{EI} = \frac{3 \times 10^3 \times 0.6^3}{384 \times 70 \times 10^9 \times 3.98 \times 10^{-8}} \text{〔m〕} = \frac{648}{107 \times 10^4} \text{〔m〕}$$

$$= 6.06 \times 10^{-4} \text{〔m〕} = 0.606 \text{〔mm〕}$$

答　$\sigma_{max} = 56.6$ MPa　　　$\delta_{max} = 0.606$ mm

第3章　軸

学習の目標

この章では，ねじり作用を受ける軸の基本的事項について学習する。

第1節　軸のねじり

学習のねらい

ここでは，次のことがらについて学ぶ。

(1)　ねじり応力

(2)　ねじり抵抗モーメントと極断面係数

学習の手びき

ねじり応力と極断面係数についてよく理解すること。

第2節　ねじり応力の算出

学習のねらい

ここでは，ねじり応力の算出について学ぶ。

学習の手びき

ねじり応力と伝達動力の算出についてよく理解すること。

第3章の学習のまとめ

この章では，ねじり作用を受ける軸について，次のことがらを学んだ。

(1)　軸のねじり

(2)　ねじり応力の算出

【練習問題の解答】

（1）　式（3・3），（3・4）より，

$$I_p = \frac{\pi}{32}d^4 = \frac{3.14 \times 10^4}{32} = 0.098 \times 10^4 = 980 \ [\mathrm{mm}^4]$$

$$Z_p = \frac{\pi}{16}d^3 = \frac{3.14 \times 10^3}{16} = 0.196 \times 10^3 = 196 \ [\mathrm{mm}^3]$$

（注）$Z_p = \dfrac{I_p}{r}$ で求めてもよい。

答　I_p 980 mm^4　　Z_p 196 mm^3

（2）　式（3・3），（3・4）より，

$$I_p = \frac{\pi}{32}(d_2^4 - d_1^4) = \frac{3.14(10^4 - 5^4)}{32} = 920 \ [\mathrm{mm}^4]$$

$$Z_p = \frac{\pi}{16} \cdot \frac{d_2^4 - d_1^4}{d_2} = \frac{3.14}{16} \times \frac{10^4 - 5^4}{10} = 184 \ [\mathrm{mm}^3]$$

（注）$Z_p = \dfrac{2I_p}{d}$ で求めてもよい。

答　I_p 920 mm^4　　Z_p 184 mm^3

（3）　式（3・6）より，

$$d = \sqrt[3]{\frac{16T}{\pi\tau}} = \sqrt[3]{\frac{16 \times 1 \times 10^3}{3.14 \times 20 \times 10^6}} \ [\mathrm{m}] = \sqrt[3]{2.55 \times 10^{-4}} \ [\mathrm{m}]$$

$$= 0.634 \ [\mathrm{m}] = 63.4 \ [\mathrm{mm}]$$

答　63.4 mm

（4）　式（3・4）より，

$$Z_p = \frac{\pi}{16} \cdot \frac{d_2^4 - d_1^4}{d_2} = \frac{3.14}{16} \times \frac{0.045^4 - 0.025^4}{0.045} \ [\mathrm{m}^3]$$

$$= 0.196 \times 8.24 \times 10^{-5} \ [\mathrm{m}^3] = 1.62 \times 10^{-5} \ [\mathrm{m}^3]$$

式（3・5）より，

$$T = \tau Z_p = 35 \times 10^6 \times 1.62 \times 10^{-5} \ [\mathrm{N \cdot m}]$$

$$= 56.7 \times 10 \ [\mathrm{N \cdot m}] = 567 \ [\mathrm{N \cdot m}]$$

答　567 N・m

（5）　式（3・8）より，

$$T = 0.15915\,\frac{W}{n} = 0.15915\,\frac{10\times10^{3}}{3.33}\ \text{〔N・m〕} = 478\ \text{〔N・m〕}$$

答　478 N・m

（6）　式（3・9）より，

$$d = 0.93239\sqrt[3]{\frac{W}{n\tau_{a}}} = 0.93239\sqrt[3]{\frac{75\times10^{3}}{25\times60\times10^{6}}}\ \text{〔m〕}$$

$$= 0.93239\sqrt[3]{5\times10^{-5}}\ \text{〔m〕} = 0.93239\times0.0368\ \text{〔m〕}$$

$$= 0.0343\ \text{〔m〕} = 34.3\ \text{〔mm〕}$$

答　34.3 mm

第4章　柱

学習の目標

この章では，柱の座屈について学習する。

第1節　柱の座屈

学習のねらい

ここでは，柱の座屈について学ぶ。

学習の手びき

柱の端末の状態と座屈についてよく理解すること。

第2節　柱の強さ

学習のねらい

ここでは，次のことがらについて学ぶ。

(1)　長柱の強さ

(2)　短柱の強さ

学習の手びき

座屈荷重と座屈応力についてよく理解すること。

第4章の学習のまとめ

この章では，柱の座屈について，次のことがらを学んだ。

(1)　柱の座屈

(2)　柱の強さ

【練習問題の解答】

（1）　式（4・3）より，

$$k=\sqrt{\frac{I}{A}}=\sqrt{\frac{\frac{\pi d^4}{64}}{\frac{\pi d^2}{4}}}=\sqrt{\frac{d^2}{16}}=\frac{d}{4}=\frac{0.3}{4}=0.075$$

（注）　表4―8　$k^2=\frac{d^2}{16}$　$\therefore k=\frac{d}{4}$から求めてもよい。

$$\frac{\ell}{k}=\frac{5}{0.075}=66.7$$

図4―54　$n=\frac{1}{4}$であるから細長比の限界は表4―10より，

$$<60\sqrt{n}=60\sqrt{\frac{1}{4}}=30$$

故にオイラーの式を用いる。

答　オイラーの式を用いる。

（2）　表4―8より，

$$I=\frac{bh^3}{12}=\frac{0.08\times0.04^3}{12}\text{〔m}^4\text{〕}=4.27\times10^{-7}\text{〔m}^4\text{〕}$$

$$A=bh=0.08\times0.04=3.2\times10^{-3}\text{〔m}^2\text{〕}$$

式（4・3）より，

$$k=\sqrt{\frac{I}{A}}=\sqrt{\frac{4.27\times10^{-7}}{3.2\times10^{-3}}}\text{〔m〕}=\sqrt{1.334\times10^{-4}}\text{〔m〕}=0.0115\text{〔m〕}$$

細長比 $\frac{\ell}{k}=\frac{1.5}{0.0115}=130$

表4―10より軟鋼の細長比の限界は，

$90\sqrt{n}=90$であるから，オイラー式（4・2）を用いる。

$$\sigma=\frac{n\pi^2E}{\left(\frac{\ell}{k}\right)^2}=\frac{1\times3.14^2\times200\times10^9}{130^2}\text{〔Pa〕}=0.117\times10^9\text{〔Pa〕}$$

$$=117\times10^6\text{〔Pa〕}=117\text{〔MPa〕}$$

答　117 MPa

（3）　式（4・3）より，

$$k=\sqrt{\frac{I}{A}}=\frac{d}{4}=\frac{0.1}{4}\ 〔\mathrm{m}〕=0.025\ 〔\mathrm{m}〕$$

$$\frac{\ell}{k}=\frac{2}{0.025}=80$$

端末係数$n=4$であるから，細長比の限界は，表4—10より$85\sqrt{4}=170$である。

ランキンの式（4・4）より，

$$\sigma=\frac{\sigma c}{1+\frac{a}{n}\left(\frac{\ell}{k}\right)^2}=\frac{480\times10^6}{1+\frac{1}{4\times5000}\times80^2}\ 〔\mathrm{Pa}〕$$

$$=\frac{480\times10^6}{1.32}\ 〔\mathrm{Pa}〕=364\times10^6\ 〔\mathrm{Pa}〕=364\ 〔\mathrm{MPa}〕$$

答　364MPa

（4）　表4—8より，

$$I=\frac{h^4}{12}=\frac{0.16^4}{12}\ 〔\mathrm{m}^4〕=5.46\times10^{-5}\ 〔\mathrm{m}^4〕$$

$$A=h^2=0.16^2=0.0256\ 〔\mathrm{m}^2〕$$

式（4・3）より，

$$k=\sqrt{\frac{I}{A}}=\sqrt{\frac{5.46\times10^{-5}}{0.0256}}=0.0462\ 〔\mathrm{m}〕$$

細長比 $\frac{\ell}{k}=\frac{3}{0.0462}=65$

表4—10より限界は，$60\sqrt{2}=85$

∴ランキンの式（4・4）を用いる。

$$W=\frac{\sigma cA}{1+\frac{a}{n}\left(\frac{\ell}{k}\right)^2}=\frac{49\times10^6\times0.0256}{1+\frac{1}{2\times750}\times65^2}\ 〔\mathrm{N}〕$$

$$=\frac{1.254\times10^6}{3.82}\ 〔\mathrm{N}〕=0.328\times10^6\ 〔\mathrm{N}〕=328\times10^3\ 〔\mathrm{N}〕$$

∴安全荷重$=\frac{328\times10^3}{10}$ 〔N〕$=32.8\times10^3$〔N〕$=32.8$〔kN〕

答　32.8 kN

第5章　圧　力　容　器

学習の目標

この章では，内圧を受ける圧力容器について学習する。

第1節　内圧を受ける薄肉円筒

学習のねらい

ここでは，次のことがらについて学ぶ。

(1)　円周方向の応力

(2)　軸方向の応力

学習の手びき

フープ応力についてよく理解すること。

第2節　内圧を受ける薄肉球かく

学習のねらい

ここでは，内圧を受ける薄肉球かくについて学ぶ。

学習の手びき

薄肉円筒のフープ応力の$\frac{1}{2}$であり，経済的であることをよく理解すること。

第5章の学習のまとめ

この章では，圧力容器について，次のことがらを学んだ。

(1)　内圧を受ける薄肉円筒

(2)　内圧を受ける薄肉球かく

【練習問題の解答】

（1）　式（5・1）より，

$$\sigma=\frac{dp}{2t}=\frac{2.4\times3\times10^{6}}{4\times2.5\times10^{-2}}\ 〔\mathrm{N\cdot m^{2}}〕=1.44\times10^{8}\ 〔\mathrm{N/m^{2}}〕=144\ 〔\mathrm{MPa}〕$$

答　144 MPa

（2）　式（5・3）$\sigma=\dfrac{dp}{4t}$より，

$$t=\frac{dp}{4\sigma}=\frac{6\times1\times10^{6}}{4\times50\times10^{6}}\ 〔\mathrm{m}〕=0.03\ 〔\mathrm{m}〕=30\ 〔\mathrm{mm}〕$$

答　30 mm

第6章　熱　　応　　力

学習の目標

この章では，温度変化によって生じる熱応力について学習する。

第1節　熱　応　力

学習のねらい

ここでは，熱応力について学ぶ。

学習の手びき

主な材料の線膨張係数と熱応力についてよく理解すること。

第2節　伸びおよび縮みを拘束したときの熱応力

学習のねらい

ここでは，伸びおよび縮みを拘束したときの熱応力について学ぶ。

学習の手びき

熱応力の大きさは，材料の縦弾性係数と線膨張係数および温度差に比例することをよく理解すること。

第3節　組合せ部材の熱応力

学習のねらい

ここでは，組合せ部材の熱応力について学ぶ。

学習の手びき

熱膨張係数の異なる部材を組み合わせたときの熱応力を，よく理解すること。

第６章の学習のまとめ

この章では，温度変化によって生じる熱応力について，次のことがらを学んだ。

(1)　熱応力

(2)　伸びおよび縮みを拘束したときの熱応力

(3)　組合せ部材の熱応力

【練習問題の解答】

（１）　式（６・１）より，

$$\lambda = \alpha(t'-t)\ell = 11.5\times10^{-6}\times1000 = 11.5\times10^{-3}\,[\mathrm{mm}] = 11.5\,[\mu\mathrm{m}]$$

答　11.5 μm

（２）　式（６・４）より，

$$\sigma = E\alpha(t'-t) = 200\times10^{9}\times12\times10^{-6}\ \{(-10)-20\}$$

$$= -72000\times10^{3}\,[\mathrm{Pa}] = -72\,[\mathrm{MPa}]$$

答　72 MPaの引張応力

（３）　式（６・10）より，

$$\sigma_S = \frac{E_sE_cA_c\ (\alpha_c-\alpha_s)\ t}{E_cA_c+E_sA_s}$$

$$= \frac{200\times10^{9}\times70\times10^{9}\times20\times10^{-4}\ (19\times10^{-6}-12\times10^{-6})\ \times50}{70\times10^{9}\times20\times10^{-4}+200\times10^{9}\times10\times10^{-4}}\,[\mathrm{Pa}]$$

$$= \frac{4900000\times10^{12}\times20\times10^{-4}}{1400\times10^{5}+2000\times10^{5}}\,[\mathrm{Pa}] = \frac{98000000\times10^{8}}{3400\times10^{5}}\,[\mathrm{Pa}]$$

$$= 28800\times10^{3}\,[\mathrm{Pa}] = 28.8\,[\mathrm{MPa}]$$

式（６・11）より，

$$\sigma_C = \frac{E_sE_cA_s\ (\alpha_c-\alpha_s)\ t}{E_cA_c+E_sA_s}$$

$$= \frac{4900000 \times 10^{12} \times 10 \times 10^{-4}}{3400 \times 10^{5}} \text{〔Pa〕} = 14410 \times 10^{3} \text{〔Pa〕} = 14.41 \text{〔MPa〕}$$

答　σ_s ＝ 28.8 MPaの引張応力

σ_c ＝ 14.41 MPaの圧縮応力

第5編　力　　　　学

力学の必要性については，教科書の序文で述べてあるが，力学は，工学のすべての分野にわたって，もっとも重要な基礎となる部門である。

力学の知識は，設計部門はもちろんのこと，工作技術者にとっても，安全で有効に仕事をするために不可欠である。十分理解して実際に活用しなければならない。

節の要所にある例題および章末の練習問題によって，理解を深めることができる。

計算に関数付電卓を使用すれば，正確で能率よくできる。

第1章　静　力　学

学習の目標

この章では，力学の基礎となる力の問題について学習する。

第1節　力の合成と分解

学習のねらい

ここでは，次のことがらについて学ぶ。

(1)　一点に働く力の合成

(2)　着力点の違っている力の合成

(3)　力の分解

学習の手びき

力の合成と分解をよく理解すること。

第2節　力のモーメント

学習のねらい

ここでは，力のモーメントについて学ぶ。

学習の手びき

力のモーメントを理解すること。

力のモーメントは，第4編材料力学第2章2.1外力およびモーメントのつりあいと関連するので，対比して学習するとよい。

第3節　力のつりあい

学習のねらい

ここでは，次のことがらについて学ぶ。

(1)　一点に働く力のつりあい

(2)　着力点の違っている力のつりあい

学習の手びき

力のつりあいを理解すること。

第4節　偶力とそのモーメント

学習のねらい

ここでは，偶力とモーメントについて学ぶ。

学習の手びき

偶力のモーメントを理解すること。

第1章の学習のまとめ

この章では，静力学について，次のことがらを学んだ。

(1)　力の合成と分解

(2)　力のモーメント

(3)　力のつりあい

(4)　偶力とそのモーメント

【練習問題の解答】

(1)　式（1・1）より，

$$F = \sqrt{F_1^2 + F_2^2} = \sqrt{80^2 + 60^2} = \sqrt{10000} = 100 \text{〔N〕}$$

式（1・2）より，

$$\tan\alpha = \frac{F_2}{F_1} = \frac{60}{80} = 0.75 \quad \therefore \alpha = 36^\circ 52'$$

答　合力100N，80Nの力と36°52′の方向

(2)

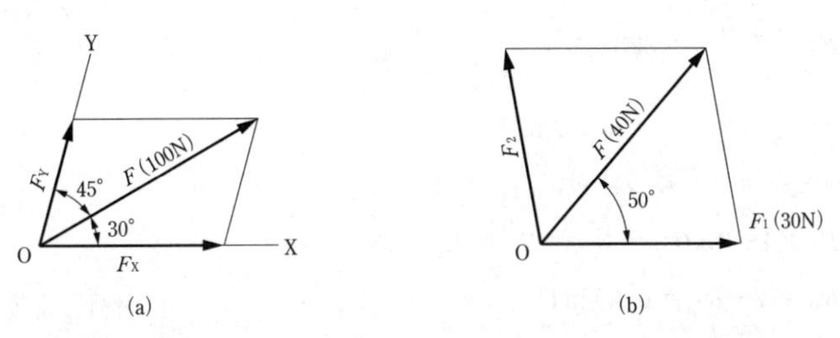

力の平行四辺形を正しく作図して，図により分力の大きさを求める。

(3)　$\sin\theta = \dfrac{F_1}{F} \quad \therefore F_1 = F\sin\theta = 1000 \times \sin 40^\circ = 1000 \times 0.643 = 643$〔N〕

$\cos\theta = \dfrac{F_2}{F} \quad \therefore F_2 = F\cos\theta = 1000 \times \cos 40^\circ = 1000 \times 0.766 = 766$〔N〕

答　斜面に平行な力643N，垂直な力766N

（4）　式（1・8）ラミーの定理より，

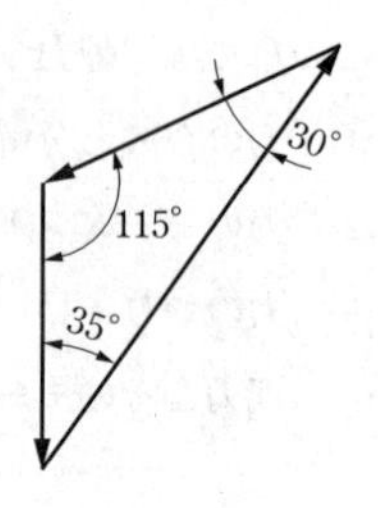

$$\frac{500}{\sin 30^\circ} = \frac{F_{AC}}{\sin 35^\circ} = \frac{F_{BC}}{\sin 115^\circ}$$

$$\therefore F_{AC} = 500 \times \frac{\sin 35^\circ}{\sin 30^\circ} = 500 \times \frac{0.574}{0.5} = 574 \text{〔N〕}$$

$$F_{BC} = 500 \times \frac{\sin 115^\circ}{\sin 30^\circ} = 500 \times \frac{0.906}{0.5} = 906 \text{〔N〕}$$

答　ロープには574 Nの引張力

棒には906 Nの圧縮力

（5）　第2節，第3節（3.2）参照

O点のモーメントのつりあい

(a)　$F \times 6 - 150 \times 30 = 0$

$$F = \frac{4500}{6} = 750 \text{〔N〕}$$

(b)　$F \times 0.75 - 240 \times 1 = 0$

$$F = \frac{240}{0.75} = 320 \text{〔N〕}$$

答　(a)　750 N　　(b)　320 N

（6）　A点のモーメントのつりあい

(a)　$R_B \times 1 - 2 \times 0.6 = 0$　　$R_B = 1.2$〔kN〕

$R_A = 2 - R_B = 0.8$〔kN〕

(b)　$R_B \times 2 + 2 \times 0.4 - 5 \times 1.5 - 3 \times 0.9 = 0$

$R_B = \frac{9.4}{2} = 4.7$〔kN〕

$R_A = 2 + 3 + 5 - R_B = 5.3$〔kN〕

答　(a)　R_A 0.8kN，R_B 1.2kN　　(b)　R_A 5.3kN，R_B 4.7kN

第2章　重心と慣性モーメント

学習の目標

この章では，重心と慣性モーメントについて学習する。

第1節　重　　心

学習のねらい

ここでは，次のことがらについて学ぶ。

(1)　重心

(2)　重心の求め方

学習の手びき

重心の求め方を理解すること。

第2節　慣性モーメント

学習のねらい

ここでは，次のことがらについて学ぶ。

(1)　慣性モーメントの定義

(2)　面積の慣性モーメント

学習の手びき

慣性モーメントを理解すること。

面積の慣性モーメントは，第4編第2章第4節4.2断面二次モーメントと断面係数に関連している。

第２章の学習のまとめ

この章では，重心と慣性モーメントについて，次のことがらを学んだ。

⑴　重心

⑵　慣性モーメント

【練習問題の解答】

（１）　大小円板の図心は，それぞれの円の中心にあるから，全体の図心Ｇは，G_1，G_2を連ねた線上にある。Ｏ点を原点とすれば，式（２・１）のWを面積Sにおきかえる。

$$x=\frac{S_1x_1+S_2x_2}{S}=\frac{\pi\times4^2\times4+\pi\times2^2\times2}{\pi\times4^2+\pi\times2^2}=\frac{72}{20}\text{〔cm〕}=3.6\text{〔cm〕}$$

答　x　3.6 cm

（２）　図５－17参照

慣性モーメントは，回転軸から遠くに質量が集中しているほど，その値が大きくなり，運動のエネルギーを多く蓄えられるからである。

第3章 運　　　動

学習の目標

この章では，各種の運動について学習する。

第1節 質点の運動

学習のねらい

ここでは，次のことがらについて学ぶ。

(1) 速度

(2) 加速度

(3) 落体の運動

学習の手びき

運動の基礎となる速度，加速度，落体の運動を理解すること。

〔参考〕 ディメンション（次元）

L：長さ，A：面積とすれば，$A=L^2$

上式は面積の誘導単位が基本単位をいかに組み合わせて得られるかの関係を表すもので，このような式をディメンション式といい，L^2を面積のディメンションという。

等式において，左右両辺は同一のディメンションでなければならない。このことを利用して式の正否を検証することができる。

第2節 運動の法則

学習のねらい

ここでは，次のことがらについて学ぶ。

(1) 運動の第一法則

(2)　運動の第二法則

(3)　運動の第三法則

学習の手びき

運動の法則を理解すること。

第3節　円　運　動

学習のねらい

ここでは，次のことがらについて学ぶ。

(1)　角速度と周速度

(2)　等速円運動

(3)　求心力と遠心力

学習の手びき

円運動を理解すること。

第4節　運動量と力積

学習のねらい

ここでは，次のことがらについて学ぶ。

(1)　運動量

(2)　力積

(3)　物体の衝突と運動量保存の法則

学習の手びき

運動量と力積を理解すること。

第３章の学習のまとめ

この章では，物体の運動について，次のことがらを学んだ。

(1) 質点の運動

(2) 運動の法則

(3) 円運動

(4) 運動量と力積

【練習問題の解答】

(ディメンション式で検証するとよい)

(１)

$$50\text{km/h} = \frac{50 \times 1000}{3600} \text{〔m/s〕} = 13.9 \text{〔m/s〕}$$

式（３・２)，（３・４）より，

$$\alpha = \frac{v - v_0}{t} = \frac{0 - 13.9}{12} = -1.16 \text{〔m/s}^2\text{〕}$$

$$S = \frac{v_0 + v}{2} t = \frac{13.9 + 0}{2} \times 12 = 83.4 \text{〔m〕}$$

答　加速度−1.16 m／s²，距離 83.4 m

(２)　式（３・８）より，

$$v = gt = 9.8 \times 5 = 49 \text{〔m/s〕}$$

式（３・９）$h = \frac{1}{2} gt^2$より，

$$t = \sqrt{\frac{2h}{g}} = \sqrt{\frac{2 \times 200}{9.8}} = \sqrt{40.8} = 6.4 \text{〔s〕}$$

答 $v = 49$ m／s，$t = 6.4$ s

(３)

$$\omega = n \cdot \frac{2\pi}{60} = 300 \times \frac{2 \times 3.14}{60} = 31.4 \text{〔rad/s〕}$$

式（３・13）より，

$$v = \frac{\pi D n}{60} = \frac{3.14 \times 1 \times 300}{60} \text{〔m/s〕} = 15.7 \text{〔m/s〕}$$

答　$\omega = 31.4$rad／s，$v = 15.7$m／s

（4）　$m=600$ kg，$v_0=0$，$v=80$ km／h＝22.2 m／s，$t=15$s

式（3・19）より，

$$F=\frac{m\ (v-v_0)}{t}=\frac{600\times 22.2}{15}=888\ 〔\mathrm{N}〕$$

答　888 N

（5）　式（3・20）より，

$$Ft=mv\qquad \therefore F=\frac{mv}{t}=\frac{0.4\times 2.5}{0.01}=100\ 〔\mathrm{N}〕$$

答　100 N

（6）　式（3・21）より，

衝突後の速さをv'とすると，

$m_1v_1=(m_1+m_2)\ v'$

$8000\times 6=(8000+4000)\ v'$

$$v'=\frac{48000}{12000}=4\ 〔\mathrm{km／h}〕$$

答　4 km／h

第4章　仕事，動力およびエネルギー

学習の目標

この章では，仕事，動力およびエネルギーについて学習する。

第1節　仕事と動力

学習のねらい

ここでは，次のことがらについて学ぶ。

(1)　仕事

(2)　動力

学習の手びき

仕事と動力を理解すること。

第2節　エネルギー

学習のねらい

ここでは，次のことがらについて学ぶ。

(1)　エネルギーの種類

(2)　運動のエネルギーと位置エネルギー

学習の手びき

運動エネルギーと位置エネルギーを理解すること。

第４章の学習のまとめ

この章では，仕事，動力およびエネルギーについて，次のことがらを学んだ。

(1) 仕事と動力

(2) エネルギー

【練習問題の解答】

（１） 式（４・１）より，

$$A = FS = 50\times30 = 1500 \text{〔N・m〕} = 1500 \text{〔J〕} = 1.5 \text{〔kJ〕}$$

式（４・２）より，

$$A = FS\cos\theta = 1.5\times\cos 30^\circ = 1.5\times0.866 = 1.299 \text{〔kJ〕}$$

答　1.5kJ，1.3kJ

（２） 式（４・３）より，

$$P = \frac{A}{t} = \frac{FS}{t} = \frac{500\times10^3\times300}{60} = 2500\times10^3 \text{〔J／s〕}$$

$$= 2.5\times10^6 \text{〔J／s〕} = 2.5 \text{〔MW〕}$$

答　2.5 MW

（３）

$$36\,\text{km／h} = \frac{36000}{3600} = 10\,\text{m／s}$$

式（４・６）より，

$$E_k = \frac{1}{2}mv^2 = \frac{1\times5\times10^3\times10^2}{2} \text{〔N・m〕} = 2.5\times10^5 \text{〔N・m〕}$$

$$= 250\times10^3 \text{〔J〕} = 250 \text{〔kJ〕}$$

答　250 kJ

（４）

$$\omega = n\frac{2\pi}{60} = 200\times\frac{2\times3.14}{60} = 20.9\,\text{rad／s}$$

式（４・５）より，

$$P = T\omega = 300\times20.9 = 6270 \text{〔W〕} = 6.27 \text{〔kW〕}$$

答　6.27 kW

（5）

$$\upsilon = 36\,\mathrm{km/h} = \frac{36\times10^3}{60\times60} \doteqdot 0.01\times10^3 = 10\,\mathrm{m/s}$$

式（4・6）（注）より，

$$E_K = \frac{F\upsilon^2}{2g} = \frac{20\times10^3\times10^2}{2\times9.8} = 1.02\times10^5 = 102\times10^3 = 102\,\mathrm{kN\cdot m} = 102\,\mathrm{kJ}$$

答　102 kJ

（6）

$$k = \frac{150}{20} = 7.5\,\mathrm{N/mm}$$

$$F = k\times60 = 7.5\times60 = 450\ [\mathrm{N}]$$

式（4・7）$E_p = mgH = FH$

$$E_p = 450\times60 = 27000\ [\mathrm{N\cdot mm}] = 27\ [\mathrm{N\cdot m}] = 27\ [\mathrm{J}]$$

答　27 J

（注）k：ばね定数といい，単位変形に必要な荷重（選択教科書第1編第6章第2節 2.1参照）

$$\because m = \frac{F}{g}$$

第5章　摩　　　擦

学習の目標

この章では，摩擦について学習する。

第1節　摩　　　擦

学習のねらい

ここでは，次のことがらについて学ぶ。

(1)　すべり摩擦

(2)　転がり摩擦

(3)　効率

学習の手びき

摩擦と効率を理解すること。

第5章の学習のまとめ

この章では，摩擦について，次のことがらを学んだ。

(1)　摩擦と効率

【練習問題の解答】

(1)　式（5・2）$\mu_0 = \tan\phi$ より，

$\tan\phi = 0.4$，$\phi = 21°48'$，$\mu_0 = \tan 20° = 0.364$

答　$\phi = 21°48'$，$\mu_0 = 0.364$

(2)　式（5・1）より，

$f_0 = \mu_0 R = 0.2 \times 3000$〔N〕$= 600$〔N〕

式（4・4）より，

$P=Fv=600\times1=600$〔W〕

答　600 W

（3）

式（5・4）$\rho=\dfrac{Fr}{R}$より，

$$F=R\frac{\rho}{r}=4000\times\frac{0.02}{25}=3.2\text{〔N〕}$$

答　3.2 N

（4）　第1節応用：機関車は，車輪とレールとのすべり摩擦を利用してけい引し，列車の抵抗は車輪の転がり摩擦の総和である。

“すべり摩擦＞転がり摩擦の総和”にしてあるので列車を引くことができる。

（5）　式（5・7）より，

$$\eta=\frac{\sin\theta}{\sin\theta+\mu\cos\theta}=\frac{\sin30^\circ}{\sin30^\circ+0.3\times\cos30^\circ}$$

$$=\frac{0.5}{0.5+0.3\times0.866}=0.658=65.8\%$$

式（5・7）は，$\eta=\dfrac{1}{1+\mu\cot\theta}$とかくことができる。

傾斜角15°の場合，この式で求めてみる。

$$\eta=\frac{1}{1+0.3\times3.73}=0.472=47.2\%$$

答　65.8%，47.2%

第6章　機　械　振　動

学習の目標

この章では，機械振動の基礎について学習する。

第1節　単　振　動

学習のねらい

ここでは，単振動について学ぶ。

学習の手びき

振動の基礎となる単振動を理解すること。

第6章の学習のまとめ

この章では，機械振動の基礎として，次のことがらを学んだ。

(1)　単振動

【練習問題の解答】

(1)　式（6・4）より，

$$\omega = 2\pi f = 2 \times \pi \times 2 = 12.56 \ [\mathrm{rad/s}]$$

式（6・5）より，

$$v = r\omega \cos\theta = 0.2 \times 12.56 \times \cos 0^\circ = 2.51 \ [\mathrm{m/s}]$$

式（6・6）より，

$$\alpha = -r\omega^2 \sin\theta = -0.2 \times 12.56 \times \sin 0^\circ = 0$$

答　$v = 2.51\mathrm{m/s}$，$\alpha = 0$

（2）　振幅$r = 2\mathrm{mm} = 2\times10^{-3}\mathrm{m}$

式（6・3）　振動数$f = \dfrac{1}{T} = \dfrac{1}{0.2} = 5\,\mathrm{Hz}$

式（6・4）　円振動数 $\omega = 2\pi f = 2\times3.14\times5 = 31.4$［rad／s］

式（6・7）　力$F = -m\omega^2 r = -\dfrac{5}{9.8}\times31.4^2\times2\times10^{-3} = 1006\times10^{-3} = 1$［N］

答　$f = 5\,\mathrm{Hz}$，$\omega = 31.4\,\mathrm{rad/s}$，$F = 1\mathrm{N}$

［参考］　表—1は，力学に関する基本的な単位

表—2は，SI接頭語

表—3は，本編で使用している単位

表—1　　力学に関する基本的な単位

量	名　　称	記号	10の整数乗倍の選択
長　　さ	メートル	m	km，cm，mm，μm，nm
面　　積	平方メートル	m^2	km^2，cm^2，mm^2
体　　積	立方メートル	m^3	dm^3，cm^3，mm^3
平 面 角	ラジアン	rad	mrad，μrad
立 体 角	ステラジアン	sr	
時　　間	秒	s	ks，ms，μs，ns
速度及び速さ	メートル毎秒	m／s	
角 速 度	ラジアン毎秒	rad／s	
加 速 度*	メートル毎秒毎秒	m／s^2	
角加速度	ラジアン毎秒毎秒	rad／s^2	
質　　量	キログラム	kg	Gg，g，mg，μg
密　　度	キログラム毎立方メートル	kg／m^3	g／cm^3
運 動 量	キログラムメートル毎秒	kg·m／s	
角運動量及び運動量のモーメント	キログラム平方メートル毎秒	kg·m^2／s	
慣性モーメント	キログラム平方メートル	kg・m^2	
力	ニュートン	N	MN，kN，mN，μN
力　　積	ニュートン秒	N・s	
トルク及び力のモーメント	ニュートンメートル	N・m	MN・m，kN・m，mN・m，μN・m
圧　　力	パスカル	Pa	GPa, MPa, kPa, hPa, mPa, μPa
応　　力	パスカル	Pa	GPa，MPa，kPa
熱力学的温度	ケルビン	K	
エネルギー及び仕事	ジュール	J	TJ，GJ，MJ，kJ，mJ
動力及び仕事率	ワット	W	GW, MW, kW, mW，μW
回転半径	メートル	m	
回転数及び回転速さ	回毎秒	1／s	
振動数及び周波数	ヘルツ	Hz	THz，GHz，MHz，kHz
角振動数	ラジアン毎秒	rad／s	
周　　期	秒	s	ms，μs
波　　長	メートル	m	
波　　数	毎メートル	1／m	

*耐震設計においては，Gal（ガル，1Gal=10^{-2}m／s^2）が使用されている。

（機械工学SIマニュアル　日本機械学会編）

表―2　　SI接頭語

倍　数	接頭語	記　号	倍数	接頭語	記号
10^{18}	エクサ	E	10^{-1}	デ　シ	d
10^{15}	ペ　タ	P	10^{-2}	センチ	c
10^{12}	テ　ラ	T	10^{-3}	ミ　リ	m
10^{9}	ギ　ガ	G	10^{-6}	マイクロ	μ
10^{6}	メ　ガ	M	10^{-9}	ナ　ノ	n
10^{3}	キ　ロ	k	10^{-12}	ピ　コ	p
10^{2}	ヘクト	h	10^{-15}	フェムト	f
10^{1}	デ　カ	da	10^{-18}	ア　ト	a

表―3　　本編で使用している単位

質	単位記号	SI基本単位による表示	備　　考
長　さ	m		
面　積	m^2		
平面角	rad		°′″も使ってよい
時　間	s		min，h，dも使ってよい
質　量	kg		tも使ってよい
力	N	$m \cdot kg \cdot s^{-2}$	
力のモーメントおよびトルク	N・m	$m^2 \cdot kg \cdot s^{-2}$	
慣性モーメント	$kg \cdot m^2$		
面積の慣性モーメント	m^4		
回転半径	m		
速度および速さ	m／s		m／min，km／hなども使ってよい
加速度	m/s^2		
角速度	rad／s		
角加速度	rad/s^2		
回転数	s^{-1}		rpmも使ってよい
運動量	kg・m／s		
力　積	N・s	$m \cdot kg \cdot s^{-1}$	
仕事・エネルギー	J（N・m）	$m^2 \cdot kg \cdot s^{-2}$	
動力，工率	W（J／s）	$m^2 \cdot kg \cdot s^{-3}$	
振動数	Hz	s^{-1}	

（注）　例えば$m \cdot kg \cdot s^{-2}$は，$m \cdot kg/s^2$のことである。

第6編　流体の基礎

流体とは，液体と気体をいい，ここではそれらの性質について，圧力と流体が流れるときの各性質について学習する。

第1章　流体の性質

学習の目標

この章では，気体と液体の性質と圧力や流速の測定方法について学習する。

第1節　圧　　力

学習のねらい

ここでは，次のことがらについて学ぶ。

(1)　圧力の単位　　(2)　圧力の伝達

(3)　圧力の測定　　(4)　浮力

学習の手びき

圧力と浮力に関する要点を理解すること。

第2節　流路および流体抵抗

学習のねらい

ここでは，次のことがらについて学ぶ。

(1)　層流と乱流　　(2)　流体摩擦

学習の手びき

流体の抵抗を理解すること。

第3節　流体中の物体抵抗

学習のねらい

ここでは，流体中の物体の受ける抵抗について学ぶ。

学習の手びき

流体中の物体はその形により抵抗が異なることを理解すること。

第4節　翼と揚力

学習のねらい

ここでは，翼と揚力について学ぶ。

学習の手びき

翼に作用する流速と圧力の関係を理解すること。

第5節　流速および流量の測定

学習のねらい

ここでは，次のことがらについて学ぶ。

(1)　流速

(2)　流量の測定

学習の手びき

流速と流量の測定方法を理解すること。

第１章の学習のまとめ

この章では，流体の性質について，次のことがらを学んだ。

⑴　圧力

⑵　流路および流体抵抗

⑶　流体中の物体抵抗

⑷　翼と揚力

⑸　流速および流量の測定

【練習問題の解答】

（１）　①　第１節1.1 ⑴参照

②　第１節〃 ⑵参照

③　第１節〃 ⑶参照

④　第１節〃 ⑷参照

（２）　10^2と100^2との比となるので，100：10000となり10000÷100＝100で100倍となる。

したがってＢに生じる圧力は１Ｎ×100＝100Ｎとなる。

（３）　第１節1.3⑵参照

（４）　①　第２節2.2 ⑴参照

②　第２節〃 ⑵参照

（５）　第３節，第４節参照

（６）　①　第４節参照

②　第５節5.2⑴参照

③　第５節5.2⑶参照

④　第５節5.2⑷参照

第7編　熱　の　基　礎

熱について，温度の単位と熱の性質および熱が各材料に及ぼす影響について学習する。

第1章　熱

学習の目標

この章では，熱の性質について学習する。

第1節　温　　度

学習のねらい

ここでは，次のことがらについて学ぶ。

(1)　セ氏温度

(2)　絶対温度

(3)　カ氏温度

(4)　温度目盛

学習の手びき

温度の種類と表示方法を理解すること。

第2節　融点と沸点

学習のねらい

ここでは，融点と沸点について学ぶ。

学習の手びき

融点と沸点を理解すること。

第3節　熱　膨　張

学習のねらい

ここでは，次のことがらについて学ぶ。

(1)　固体の膨張

(2)　液体の膨張

(3)　気体の膨張

学習の手びき

固体，液体，気体の熱膨張を理解すること。

第4節　熱 の 単 位

学習のねらい

ここでは，次のことがらについて学ぶ。

(1)　熱量

(2)　比熱

(3)　融解熱と気化熱

学習の手びき

温度と熱量との関係を理解すること。

第５節　熱の伝わり方

学習のねらい

ここでは，次のことがらについて学ぶ。

⑴　熱放射（ふく射）

⑵　熱伝導，熱伝達

⑶　対流

学習の手びき

熱の伝わり方を理解すること。

第６節　各種材料の熱的性質

学習のねらい

ここでは，次のことがらについて学ぶ。

⑴　断熱材

⑵　耐火れんが

学習の手びき

各種材料の熱の伝わり方を理解すること。

第１章の学習のまとめ

この章では，熱について，次のことがらを学んだ。

⑴　温度

⑵　融点と沸点

⑶　熱膨張

⑷　熱の単位

⑸　熱の伝わり方

(6)　各種材料の熱的性質

【練習問題の解答】

（1）　第1節1.1，1.2，1.3参照

（2）　①，②第2節参照

　　　③，④第4節4.3参照

（3）　第3節3.1参照

（4）　第3節3.3参照

（5）　①　第4節4.1参照

　　　②　第4節4.2参照

　　　③　第5節5.1参照

　　　④　第5節5.2参照

　　　⑤　第5節5.3参照

（6）　第6節6.1参照

（7）　第6節6.2参照

第8編　電気の基礎

電気について，その用語とその意味および電流が流れたときの現象について学習する。

第1章　電気用語

学習の目標

この章では，日常使用する電気用語の内容について学習する。

第1節　電　　流

学習のねらい

ここでは，電流の主な作用について学ぶ。

学習の手びき

電流に関する要点を理解すること。

第2節　電　　圧

学習のねらい

ここでは，電圧について学ぶ。

学習の手びき

電圧に関する要点を理解すること。

第3節　電気抵抗

学習のねらい

ここでは，電気抵抗について学ぶ。

学習の手びき

電気抵抗に関する要点を理解すること。

第4節　電　　力

学習のねらい

ここでは，電力について学ぶ。

学習の手びき

電力に関する要点を理解すること。

第5節　効　　率

学習のねらい

ここでは，電気効率について学ぶ。

学習の手びき

効率に関する要点を理解すること。

第1章の学習のまとめ

この章では，電気用語について，次のことがらを学んだ。

(1)　電流

(2)　電圧

(3)　電気抵抗

(4)　電力

(5)　効率

【練習問題の解答】

（１）　回路中の抵抗R_0の大きさは，以下の計算によって求めることができる。

①　回路の合成抵抗R（Ω）は次式で計算することができる。

$$R = R_0 + \frac{1}{\frac{1}{30}+\frac{1}{15}+\frac{1}{10}} = R_0 + 5 \quad \cdots\cdots ①$$

②　また，電流I = 5（A），電圧E = 100（V）であるので，オームの法則から，回路の合成抵抗R（Ω）は次式が成立する。

$$R = \frac{E}{I} = \frac{100}{5} = 20\ (\Omega) \quad \cdots\cdots ②$$

③　したがって，①，②式から抵抗R_0の大きさを求めることができる。

$R_0 + 5 = 20$

$\therefore R_0 = 15$

答　$R_0 = 15\Omega$

（２）　第１節参照

選択　指導書編

第1編　機　械　要　素

機械要素とは，機械を構成し，あるいは作動させるための部材である。通常，機械本体に各種の部品を取り付けて機械は成り立っているが，その部品そのもの，あるいは，それらの部品を固定したり，動かしたりする各種の部品がある。

本編では，これらの機械要素について学習する。

第1章　ねじおよびねじ部品

学習の目標

この章では，ねじに関する事項について学習する。

第1節　ねじの原理

学習のねらい

ここでは，次のことがらについて学ぶ。

(1)　つる巻き線，リード角，ねじれ角

(2)　リードとピッチ，一条ねじと多条ねじ，右ねじと左ねじ

(3)　ねじの呼び径，山の角度および有効径

学習の手びき

ねじが幾何学的要素によって形成されることを知り，リード，ピッチ，ねじ各部の名称などについてよく理解すること。

第2節　ねじ山の種類と用途

学習のねらい

ここでは，次のことがらについて学ぶ。

(1)　ねじ山の形状，メートル並目ねじとメートル細目ねじ，管用ねじ

(2)　三角ねじと台形ねじ，ボールねじ，角ねじ，その他のねじ

(3)　ねじの精度

(4)　メートルねじの公差方式

学習の手びき

ねじ山の形状，用途およびねじの精度についてよく理解すること。

第3節　ねじ部品

学習のねらい

ここでは，次のことがらについて学ぶ。

(1)　ボルトの種類と用途

(2)　ナットの種類と用途

(3)　小ねじ類

(4)　インサート

学習の手びき

いろいろなねじ部品についてよく理解すること。

第４節　座　　金

学習のねらい

ここでは，次のことがらについて学ぶ。

(1)　座金の種類と用途

(2)　ねじ部品のまわり止め

学習の手びき

座金の種類，用途およびねじ部品のまわり止めについてよく理解すること。

第１章の学習のまとめ

この章では，ねじおよびねじ部品について，次のことがらを学んだ。

(1)　ねじの原理

(2)　ねじ山の種類と用途

(3)　ねじ部品

(4)　座金

【練習問題の解答】

（１）　第１節1.1参照

（２）　第１節1.3参照

（３）　第２節2.1(1)参照

（４）　第２節2.1(3)参照

（５）　第２節2.2(1)参照

（６）第４節4.2参照

第2章　締結用部品

学習の目標

この章では，各種の締結用部品について学習する。

第1節　キ　　ー

学習のねらい

ここでは，次のことがらについて学ぶ。

(1)　キーの種類および記号

(2)　キーと軸・ハブとの関係

(3)　平行キー

(4)　こう配キー

(5)　半月キー

(6)　その他のキー

学習の手びき

キーの種類，用途について理解すること。

従来のキーの種類は沈みキー，滑りキー，打込みキー，半月キーなどが，ＪＩＳで規定されていたが，教科書に説明されているように，JIS B 1301：1996年の見直しで，改訂されているので，旧規格による図面などを見るときには注意を要する。

第2節　ピ　　ン

学習のねらい

ここでは，次のことがらについて学ぶ。

(1)　平行ピン

(2)　テーパピン

(3)　割りピン

(4)　溝付きスプリングピン

学習の手びき

ピンの種類と，それぞれの用途について理解すること。

第3節　止　め　輪

学習のねらい

ここでは，止め輪について学ぶ。

学習の手びき

止め輪について理解すること。

第4節　リ　ベ　ッ　ト

学習のねらい

ここでは，リベットについて学ぶ。

学習の手びき

リベットの種類と継手について理解すること。

第5節　軸と穴の結合方法

学習のねらい

ここでは，軸と穴の結合方法について学ぶ。

学習の手びき

軸と穴の結合方法について理解すること。

第２章の学習のまとめ

この章では，締結用部品について，次のことがらを学んだ。

(1)　キー

(2)　ピン

(3)　止め輪

(4)　リベット

(5)　軸と穴の結合方法

【練習問題の解答】

（１）　第１節1.1参照

（２）　第１節1.3(1)参照

（３）　第２節2.2参照

（４）　第５節(2)参照

第３章　伝動用部品

学習の目標

この章では，いろいろな伝動用部品と伝動機構について学習する。

第１節　軸

学習のねらい

ここでは，次のことがらについて学ぶ。

(1)　軸（伝動軸，車軸，主軸，軸端）

(2)　スプライン

(3)　セレーション

学習の手びき

伝動軸の種類，スプライン，セレーションについて理解すること。

第２節　軸継手

学習のねらい

ここでは，次のことがらについて学ぶ。

(1)　固定軸継手（フランジ形固定軸継手とその他の固定軸継手）

(2)　たわみ軸継手（フランジ形，歯車形，こま形自在軸継手，ゴム軸継手，ローラチェーン軸継手）

(3)　自在軸継手（不等速形自在軸継手，等速形自在軸継手）

学習の手びき

軸継手の種類と特徴についてよく理解すること。

第3節 クラッチおよび制動機構

学習のねらい

ここでは，次のことがらについて学ぶ。

(1) クラッチ

(2) 制動機構

学習の手びき

クラッチとブレーキの機能を理解し，それぞれの種類，用途について理解すること。

第4節 摩 擦 車

学習のねらい

ここでは，摩擦力を利用して運動を伝達する摩擦車について学ぶ。

学習の手びき

摩擦車の種類と，変速の概略を理解すること。

第5節 流 体 継 手

学習のねらい

ここでは，流体継手について学ぶ。

学習の手びき

流体継手の概要について理解すること。

第6節　ベルトおよびベルト車

学習のねらい

ここでは，次のことがらについて学ぶ。

(1)　ベルト（平ベルト，Vベルト，歯付ベルト）

(2)　ベルト車

(3)　ベルトによる機構

学習の手びき

ベルトの種類，ベルト伝動の特徴について理解すること。

第7節　チェーンおよびスプロケット

学習のねらい

ここでは，チェーン伝動について学ぶ。

学習の手びき

チェーンおよびチェーン伝動の特徴について理解すること。

第8節　カ　　ム

学習のねらい

ここでは，次のことがらについて学ぶ。

(1)　カムの種類（板カム，斜板カム，直動カム，円筒カム等）

(2)　カムの輪郭とカム線図

学習の手びき

カムの種類とカム線図について理解すること。

第９節　リンク機構

学習のねらい

ここでは，次のことがらについて学ぶ。

(1)　４節リンク機構　　(2)　４節リンク機構の変形

学習の手びき

リンクの基本形と，リンク装置の機構と条件について理解すること。

第３章の学習のまとめ

この章では，伝動用部品について，次のことがらを学んだ。

(1)　軸

(2)　軸継手

(3)　クラッチおよび制動機構

(4)　摩擦車

(5)　流体継手

(6)　ベルトおよびベルト車

(7)　チェーンおよびスプロケット

(8)　カム

(9)　リンク機構

【練習問題の解答】

(１)　第１節1.1参照

(２)　第２節2.1，2.2参照

(３)　第２節2.3参照

(４)　第６節6.2参照

(５)　第８節8.2参照

(６)　第９節9.2(2)参照

第4章　軸　　　受

学習の目標

この章では，軸受の分類，構造および潤滑法について学習する。

第1節　滑り軸受

学習のねらい

ここでは，次のことがらについて学ぶ。

(1)　滑り軸受の種類

(2)　滑り軸受用材料

(3)　滑り軸受の潤滑

(4)　滑り軸受の用途と特徴

学習の手びき

滑り軸受の特徴と潤滑法について理解すること。

第2節　転がり軸受

学習のねらい

ここでは，次のことがらについて学ぶ。

(1)　転がり軸受の構造

(2)　転がり軸受の種類と用途

(3)　転がり軸受の呼び番号

(4)　転がり軸受の精度・動定格荷重の計算と寿命

(5)　転がり軸受の取付け

(6)　転がり軸受の潤滑

学習の手びき

転がり軸受の構造・分類・呼び番号などについて理解すること。

第４章の学習のまとめ

この章では，軸受について，次のことがらを学んだ。

(1)　滑り軸受

(2)　転がり軸受

【練習問題の解答】

（１）　第１節1.2参照

（２）　第２節2.2(3)参照

（３）　第２節2.3(7)参照

（４）　第２節2.4参照

第5章　歯　　　車

学習の目標

この章では，機械要素として重要な歯車の基本事項について学習する。

第1節　歯車の種類

学習のねらい

ここでは，次のことがらについて学ぶ。

(1)　平行軸歯車（平歯車，はすば歯車，やまば歯車，内歯車，ラック）

(2)　交差軸歯車（すぐばかさ歯車，冠歯車，まがりばかさ歯車）

(3)　食違い軸歯車（ねじ歯車，ハイポイドギヤ，ウォームギヤ）

学習の手びき

歯車の種類，形状についてよく理解すること。

第2節　歯車各部の名称

学習のねらい

ここでは，次のことがらについて学ぶ。

(1)　標準基準ラック歯形

(2)　円筒歯車

(3)　はすば歯車

(4)　かさ歯車およびウォームギヤ

学習の手びき

それぞれの歯車の各部の特徴について理解すること。

歯車の歯形において，歯の大きさは，モジュールによって表すことと，モジュールとピッチ円の直径と，歯数の関係について理解すること。

第3節　歯車の歯形

学習のねらい

ここでは，次のことがらについて学ぶ。

(1)　歯形の条件

(2)　インボリュート歯形

(3)　サイクロイド歯形

学習の手びき

歯形の条件と歯形曲線の概略を理解すること。

第4節　歯形の修整

学習のねらい

ここでは，次のことがらについて学ぶ。

(1)　歯形修整とクラウニング

(2)　標準歯車と転位歯車

学習の手びき

歯形の修整方法および，歯車の転位の概略を理解すること。

第5節　歯 車 装 置

学習のねらい

ここでは，次のことがらについて学ぶ。

(1)　歯車の速度比

(2)　変速歯車装置（クラッチ駆動，滑り歯車機構）

(3)　遊星歯車装置

学習の手びき

歯車の速度比や，変速歯車装置，遊星歯車装置の概略を理解すること。

第5章の学習のまとめ

この章では，歯車について，次のことがらを学んだ。

(1)　歯車の種類

(2)　歯車各部の名称

(3)　歯車の歯形

(4)　歯形の修整

(5)　歯車装置

【練習問題の解答】

(1)　前文と第1節1.1参照

(2)　第2節2.2(1)参照

(3)　第4節4.2参照

(4)　第5節5.1参照：C軸の回転数$=100\times\frac{20\times30}{50\times60}=20$（回転）

第6章　ば　　ね

学習の目標

この章では，ばねの概要について学習する。

第1節　ばねの種類と用途

学習のねらい

ここでは，次のことがらについて学ぶ。

(1)　圧縮・引張コイルばね

(2)　ねじりコイルばね

(3)　重ね板ばね

学習の手びき

ばねの種類，用途について理解すること。

圧縮コイルばねでは，座屈についての注意についても理解すること。

第2節　ばねの力学

学習のねらい

ここでは，次のことがらについて学ぶ。

(1)　ばね定数

(2)　ばねと振動

学習の手びき

ばねの力学の基礎を理解すること。

第３節　ばねの設計基準

学習のねらい

ここでは，ばねの設計を行うに当たっては，ＪＩＳの設計基準に準拠することを学ぶ。

学習の手びき

ＪＩＳに規定されているばねの設計基準の概要を理解すること。

ＪＩＳでは，詳細に計算式と指数などを掲げているので，ばねの設計を行うときは，ＪＩＳを参照しなければならない。

第６章の学習のまとめ

この章では，ばねについて，次のことがらを学んだ。

⑴　ばねの種類と用途

⑵　ばねの力学

⑶　ばねの設計基準

【練習問題の解答】

（１）　第１節1.1参照

（２）　第１節1.3参照

（３）　第２節2.1参照

第7章　配　管　用　品

学習の目標

この章では，流体の輸送に用いる管および管部品について学習する。

第1節　管

学習のねらい

ここでは，管に使用する材料によって，その使用目的が違うことを学ぶ。

学習の手びき

管の種類と用途について理解すること。

第2節　管　継　手

学習のねらい

ここでは，次のことがらについて学ぶ。

(1)　フランジ形管継手

(2)　ねじ込み形管継手

(3)　伸縮自在管継手

学習の手びき

管継手の構造，用途について理解すること。

第3節　バルブおよびコック

学習のねらい

ここでは，次のことがらについて学ぶ。

(1)　玉形弁
(2)　仕切弁
(3)　逆止め弁
(4)　安全弁
(5)　コック

学習の手びき

バルブ，コックの種類，構造および用途について理解すること。

第4節　ガスケットおよびシール材

学習のねらい

ここでは，配管の接続部や容器の重ね合わせ部などの漏れ止め用の，シール材としてのガスケットについて学ぶ。

学習の手びき

配管の漏れ止めに用いられるガスケットの種類について理解すること。

第7章の学習のまとめ

この章では，配管用品について，次のことがらを学んだ。

(1)　管
(2)　管継手
(3)　バルブおよびコック
(4)　ガスケットおよびシール材

【練習問題の解答】

（１）　第２節2.1参照

（２）　第３節3.1参照

（３）　第４節4.1参照

第8章　潤滑および密封装置

学習の目標

この章では，潤滑の目的，潤滑剤および運動部分の密封装置について学習する。

第1節　潤滑と摩擦

学習のねらい

ここでは，次のことがらについて学ぶ。

(1)　潤滑の目的

(2)　潤滑の原理

学習の手びき

摩擦，摩耗と潤滑の目的を理解すること。

第2節　潤　滑　剤

学習のねらい

ここでは，次のことがらについて学ぶ。

(1)　潤滑油（スピンドル油，タービン油，マシン油，ギヤ油，その他）

(2)　グリース

(3)　固体潤滑剤

学習の手びき

潤滑剤の適性と用途について理解すること。

潤滑油にとって重要な要素の一つに，油の粘度と粘度指数があるが，これらについても理解すること。

第３節　密封装置と密封用品

学習のねらい

ここでは，次のことがらについて学ぶ。

⑴　密封装置の分類

⑵　Ｏリング

⑶　オイルシール

⑷　パッキン（成形パッキン，グランドパッキン）

⑸　メカニカルシール

⑹　ラビリンスパッキン

学習の手びき

回転や往復運動など，運動部分の漏れ止めの方法と密封用品について理解すること。

第８章の学習のまとめ

この章では，潤滑および密封装置について，次のことがらを学んだ。

⑴　潤滑と摩擦

⑵　潤滑剤

⑶　密封装置と密封用品

【練習問題の解答】

（１）　第２節2.1参照

（２）　第３節3.3参照

（３）　第３節3.4(3)参照

第2編　機械工作法

機械部品の製作方法を大別すると，鋳造や鍛造などのように，金属を冶金技術によって成形する方法と，各種の工作機械を使ったり，手作業によって加工する方法がある。

本編では，これらの工作法とともに，加工する製品を測定検査する方法などについて学習する。

第1章　鋳造作業

学習の目標

この章では，鋳造作業の基礎となる鋳物の製作工程，鋳造方法，鋳物部品の設計製図上の留意事項について学習する。

第1節　鋳造法

学習のねらい

ここでは，次のことがらについて学ぶ。

(1)　鋳物が多く使用される理由
(2)　原型（木型，合成樹脂，金型）と鋳型
(3)　砂型鋳造法
(4)　シェル型法
(5)　ロストワックス法
(6)　ダイカスト鋳造法
(7)　遠心鋳造法
(8)　低圧鋳造法
(9)　ガス型法

学習の手びき

鋳造法における要点を理解し，縮みしろ，鋳物尺，仕上げしろ，原型，鋳型，抜きこう配，中子，ケレン，湯口，押し湯などの用語の意味を理解すること。

第2節　鋳物部品の設計製図上の留意事項

学習のねらい

ここでは，次のことがらについて学ぶ。

(1)　鋳物製品の材質

(2)　鋳物に生じやすい欠陥の種類とその原因

(3)　鋳物部品設計の基本

学習の手びき

鋳物部品の設計製図上の留意事項を理解すること。

第1章の学習のまとめ

この章では，鋳造作業について，次のことがらを学んだ。

(1)　鋳造法

(2)　鋳物部品の設計製図上の留意事項

【練習問題の解答】

(1)　第1節1.1参照

(2)　第1節1.1(1)参照

(3)　第1節1.5参照

(4)　第2節2.2参照

(5)　第2節2.3参照

第２章　板金作業と手仕上げ作業

学習の目標

この章では，板金の加工領域，加工工程，作業の種類，使用工具について学習する。

第１節　板 金 作 業

学習のねらい

ここでは，次のことがらについて学ぶ。

(1)　板金作業の加工工程（現図，型取り，板取りから切断，曲げ加工まで）

(2)　切断方法のいろいろ

(3)　機械による曲げ加工

(4)　絞り加工

(5)　プレス加工

学習の手びき

板金作業における要点と，各種の板金加工用機械について理解すること。

第２節　手仕上げ作業

学習のねらい

ここでは，手仕上げ作業について学ぶ。

学習の手びき

手仕上げ作業における要点を理解すること。

第３節　板金および手仕上げ作業用工具

学習のねらい

ここでは，次のことがらについて学ぶ。

(1)　けがき用工具

(2)　三次元けがきとレイアウトマシン

(3)　手仕上げ用工具

学習の手びき

板金および手仕上げ作業用工具における要点を理解すること。

第２章の学習のまとめ

この章では，板金作業と手仕上げ作業について，次のことがらを学んだ。

(1)　板金作業

(2)　手仕上げ作業

(3)　板金および手仕上げ作業用工具

(4)　三次元けがきとレイアウトマシン

【練習問題の解答】

（１）　第１節1.1，1.2参照

（２）　第１節1.2(2)参照

（３）　第１節1.3(2)参照

（４）　第２節2.1(7)参照

（５）　第３節3.1(13)参照

（６）　第３節3.2(7)参照

第３章　塑 性 加 工

学習の目標

この章では，塑性加工の意味，鍛造，圧延加工，引抜き加工，押出し加工，プレス加工，転造，圧造について学習する。

第１節　鍛　　造

学習のねらい

ここでは，次のことがらについて学ぶ。

⑴　鍛造の特徴

⑵　材料と温度

⑶　自由鍛造

⑷　型鍛造

学習の手びき

鍛造作業の要点を理解すること。

第２節　圧 延 加 工

学習のねらい

ここでは，圧延加工について学ぶ。

学習の手びき

圧延加工における要点を理解すること。

第３節　引抜き加工

学習のねらい

ここでは，引抜き加工について学ぶ。

学習の手びき

引抜き加工における要点を理解すること。

第４節　押出し加工

学習のねらい

ここでは，押出し加工について学ぶ。

学習の手びき

押出し加工における要点を理解すること。

第５節　プレス加工

学習のねらい

ここでは，プレス加工について学ぶ。

学習の手びき

プレス加工における要点を理解すること。

第６節　転　　造

学習のねらい

ここでは，転造について学ぶ。

学習の手びき

転造における要点を理解すること。

第7節　圧　　造

学習のねらい

ここでは，圧造について学ぶ。

学習の手びき

圧造における要点を理解すること。

第3章の学習のまとめ

この章では，塑性加工について，次のことがらを学んだ。

(1)　鍛造

(2)　圧延加工

(3)　引抜き加工

(4)　押出し加工

(5)　プレス加工

(6)　転造

(7)　圧造

【練習問題の解答】

（1）　第1節1.3参照

（2）　第3節参照

（3）　第6節参照

第4章　工 作 機 械

学習の目標

この章では，工作機械の備えるべき条件，切削工具，各種工作機械とその用途および部品を機械加工により製作する場合の設計製図上の留意事項について学習する。

第1節　工作機械一般

学習のねらい

ここでは，次のことがらについて学ぶ。

(1)　工作機械の運動（位置決め，切削（研削），送り）

(2)　工作機械の備えるべき条件

(3)　切削工具の種類と用途（バイト，フライス，ドリル，研削といし，その他）

(4)　数値制御の方式

学習の手びき

工作機械の役割，切削工具の種類と用途および数値制御工作機械について理解すること。

第2節　各種工作機械

学習のねらい

ここでは，次のことがらについて学ぶ。

(1)　旋盤

(2)　フライス盤

(3)　形削り盤

(4)　平削り盤

(5)　立て削り盤

(6)　研削盤

(7)　ボール盤

(8)　中ぐり盤

(9)　ブローチ盤

(10)　放電加工機

(11)　その他の工作機械

なお，レーザ加工機が特殊の分野で使われているが，これについては，第２章第１節1.2の(2)を参照のこと。

学習の手びき

各工作機械の作業内容を理解すること。

第３節　機械加工と設計製図上の留意事項

学習のねらい

ここでは，次のことがらについて学ぶ。

(1)　部品形状と精度

(2)　安全性

学習の手びき

設計製図を行うに当たっての要点を理解すること。

第４章の学習のまとめ

この章では，工作機械について，次のことがらを学んだ。

(1)　工作機械一般

(2)　各種工作機械

(3)　機械加工と設計製図上の留意事項

【練習問題の解答】

（1）　第1節1.3(1)参照

（2）　第1節1.3(2)参照

（3）　第1節1.3(3)参照

（4）　第1節1.3(4)参照

（5）　第1節1.4(3)参照

（6）　第2節2.1参照

（7）　第2節2.2(1)e参照

（8）　第2節2.6(2)参照

（9）　第2節2.7(3)参照

(10)　第2節2.8参照

(11)　第2節2.10参照

(12)　第2節2.11(2)参照

第5章　工作測定

学習の目標

この章では，各種の測定器具の種類とその使用方法，および測定方法について学習する。

第1節　測定および検査

学習のねらい

ここでは，測定および検査について学ぶ。

学習の手びき

測定と検査の目的の概略を理解すること。

第2節　測　定　器

学習のねらい

ここでは，次のことがらについて学ぶ。

(1)　ブロックゲージ

(2)　ノギスとデプスゲージ，ハイトゲージ

(3)　マイクロメータ（外側マイクロメータと内側マイクロメータ）

(4)　限界ゲージ

(5)　ダイヤルゲージ（スピンドル式とてこ式）

(6)　精密定盤

(7)　三次元座標測定機

学習の手びき

測定器の種類と用途の概略を理解すること。

第3節　測定方法

学習のねらい

ここでは，次のことがらについて学ぶ。

(1)　長さの測定

(2)　角度の測定

(3)　幾何偏差の測定

(4)　ねじの測定

(5)　歯車の測定

(6)　表面粗さおよびうねりの測定

学習の手びき

各種測定器による測定方法の概略を理解すること。

第5章の学習のまとめ

この章では，工作測定について，次のことがらを学んだ。

(1)　測定および検査

(2)　測定器

(3)　測定方法

【練習問題の解答】

(1)　第2節参照：

$$\begin{array}{r} 1.06 \\ 1.10 \\ 1.00 \\ 30.00 \\ \hline 33.16 \end{array}$$

（２）　第２節2.3参照

（３）　第３節3.2(2)参照：$\sin\theta=\frac{H+h}{L}$

（４）　第３節3.4(4)参照

（５）　第３節3.6参照

第3編　材　料　試　験

材料試験は，使用する材料の性質を知るためのもので，大別すると試験片を作って材料を破壊する方法と，製品の良否を判定するために，製品を破壊しないで行う非破壊試験がある。ここではこの二つの方法について学習する。

第1章　機　械　試　験

学習の目標

この章では，主として試験片を用いる材料試験方法について学習する。

第1節　引張試験方法

学習のねらい

ここでは，引張試験方法について学ぶ。

学習の手びき

金属材料引張試験片の種類と引張強さの求め方を理解すること。

第2節　曲げ試験方法

学習のねらい

ここでは，次のことがらについて学ぶ。

(1)　曲げ試験方法

(2)　抗折試験方法

学習の手びき

曲げ試験方法と抗折試験方法を理解すること。

第3節　硬さ試験方法

学習のねらい

ここでは，次のことがらについて学ぶ。

(1)　ロックウェル硬さ試験方法

(2)　ショア硬さ試験方法

(3)　ブリネル硬さ試験方法

(4)　ビッカース硬さ試験方法

学習の手びき

各種の硬さ試験方法を理解すること。

第4節　衝撃試験方法

学習のねらい

ここでは，次のことがらについて学ぶ。

(1)　シャルピー衝撃試験方法

(2)　アイゾット衝撃試験方法

学習の手びき

衝撃試験方法を理解すること。

第1章の学習のまとめ

この章では，材料の機械試験について，次のことがらを学んだ。

(1)　引張試験方法

(2)　曲げ試験方法

(3)　硬さ試験方法

(4)　衝撃試験方法

【練習問題の解答】

（１）　第１節参照

（２）　第２節参照

（３）　①　第３節3.1参照

②　第３節3.2参照

③　第３節3.3参照

④　第３節3.4参照

（４）　第４節4.1と4.2参照

各試験方法の表示方法に注意すること。また試験片も異なるので，試験片と試験方法との関係を正しく理解すること。

第２章　非破壊試験方法

学習の目標

この章では，製品に直接行える試験方法である非破壊試験について学習する。

第１節　超音波探傷試験方法

学習のねらい

ここでは，超音波探傷試験方法について学ぶ。

学習の手びき

原理と，どのような欠陥の発見に用いるのかを理解すること。

第２節　磁粉探傷試験方法

学習のねらい

ここでは，磁粉探傷試験方法について学ぶ。

学習の手びき

原理と，どのような欠陥の発見に用いるのかを理解すること。

第３節　浸透探傷試験方法

学習のねらい

ここでは，次のことがらについて学ぶ。

(1)　染色浸透探傷試験方法

(2)　けい光浸透探傷試験方法

学習の手びき

原理と，どのような欠陥の発見に用いるのかを理解すること。

第4節　放射線透過試験方法

学習のねらい

ここでは，次のことがらについて学ぶ。

(1)　X線透過試験方法

(2)　γ線透過試験方法

学習の手びき

どのような欠陥の発見に用いるのかを理解すること。

第5節　抵抗線ひずみ計による応力測定

学習のねらい

ここでは，抵抗線ひずみ計による応力測定について学ぶ。

学習の手びき

抵抗線の性質と用途を理解すること。

第2章の学習のまとめ

この章では，非破壊試験について，次のことがらを学んだ。

(1)　超音波探傷試験方法

(2)　磁粉探傷試験方法

(3)　浸透探傷試験方法

(4)　放射線透過試験方法

(5)　抵抗線ひずみ計による応力測定

【練習問題の解答】

（1）　第１節参照

（2）　第２節参照

（3）　第３節3.2参照

（4）　第４節4.2参照

（5）　第５節参照

第4編　原　　動　　機

原動機は，熱エネルギーを機械的エネルギーに変える装置である。ここでは原動機および水力機械，空気機械について学習する。

第1章　蒸気原動機

学習の目標

この章では，蒸気原動機の種類および用途について学習する。

第1節　ボ　イ　ラ

学習のねらい

ここでは，ボイラについて学ぶ。

学習の手びき

ボイラの種類と用途の概略を理解すること。

第2節　蒸気タービン

学習のねらい

ここでは，蒸気タービンについて学ぶ。

学習の手びき

蒸気タービンの種類と用途の概略を理解すること。

第１章の学習のまとめ

この章では，蒸気原動機について，次のことがらを学んだ。

(1)　ボイラ

(2)　蒸気タービン

【練習問題の解答】

（１）　第１節，第２節参照

第２章　内 燃 機 関

学習の目標

この章では，内燃機関の種類および用途について学習する。

第１節　内燃機関の種類

学習のねらい

ここでは，内燃機関の種類について学ぶ。

学習の手びき

内燃機関の種類の概略を理解すること。

第２節　ピストン機関

学習のねらい

ここでは，ピストン機関について学ぶ。

学習の手びき

ピストン機関の作動の概略を理解すること。

第３節　ロータリー機関

学習のねらい

ここでは，ロータリー機関について学ぶ。

学習の手びき

ロータリー機関の特徴の概略を理解すること。

第4節　ガスタービン

学習のねらい

ここでは，ガスタービンについて学ぶ。

学習の手びき

ガスタービンの概略を理解すること。

第5節　ジェットエンジン

学習のねらい

ここでは，ジェットエンジンについて学ぶ。

学習の手びき

ジェットエンジンの概略を理解すること。

第2章の学習のまとめ

この章では，内燃機関について，次のことがらを学んだ。

(1)　内燃機関の種類

(2)　ピストン機関

(3)　ロータリー機関

(4)　ガスタービン

(5)　ジェットエンジン

【練習問題の解答】

（1）　第1節，第2節，第3節参照

（2）　第2節参照

第3章　水力機械

学習の目標

この章では，水力機械の種類および用途について学習する。

第1節　ポンプ

学習のねらい

ここでは，次のことがらについて学ぶ。

(1)　うず巻ポンプ

(2)　軸流ポンプ

(3)　往復ポンプ

(4)　回転ポンプ

学習の手びき

ポンプの種類と用途の概略を理解すること。

第2節　水車

学習のねらい

ここでは，次のことがらについて学ぶ。

(1)　ペルトン水車

(2)　フランシス水車

(3)　プロペラ水車

学習の手びき

水車の種類と用途の概略を理解すること。

第３章の学習のまとめ

この章では，水力機械について，次のことがらを学んだ。

(1)　ポンプ

(2)　水車

【練習問題の解答】

（１）　第１節参照

第４章　空気機械

学習の目標

この章では，空気機械の種類および用途について学習する。

第１節　送風機および圧縮機

学習のねらい

ここでは，送風機および圧縮機について学ぶ。

学習の手びき

送風機および圧縮機の概略を理解すること。

第２節　真空ポンプ

学習のねらい

ここでは，真空ポンプについて学ぶ。

学習の手びき

真空ポンプの概略を理解すること。

第４章の学習のまとめ

この章では，空気機械について，次のことがらを学んだ。

(1)　送風機および圧縮機

(2)　真空ポンプ

【練習問題の解答】

（1）　第1節参照

第5編　電気機械器具

電気機械器具には多くのものがあるが，ここでは，そのうち主なものとして，電動機，発電機，変圧器，開閉器（スイッチ），蓄電池，継電器（リレー）について学習する。

第1章　電気機械器具の使用方法

学習の目標

この章では，電気機械器具の一般的使用方法について学習する。

第1節　電　動　機

学習のねらい

ここでは，電動機について学ぶ。

学習の手びき

電動機の種類と用途を理解すること。

第2節　発　電　機

学習のねらい

ここでは，発電機について学ぶ。

学習の手びき

発電機の種類と用途を理解すること。

第３節　変　圧　器

学習のねらい

ここでは，変圧器について学ぶ。

学習の手びき

変圧器の原理，用途を理解すること。

第４節　開　閉　器

学習のねらい

ここでは，次のことがらについて学ぶ。

(1)　ナイフスイッチ

(2)　箱開閉器

(3)　配線用遮断器

(4)　ヒューズ

学習の手びき

開閉器の種類，用途を理解すること。

第５節　蓄　電　池

学習のねらい

ここでは，蓄電池について学ぶ。

学習の手びき

蓄電池の構造，用途を理解すること。

第６節　継電器（リレー）

学習のねらい

ここでは，継電器について学ぶ。

学習の手びき

継電器の種類，用途を理解すること。

第１章の学習のまとめ

この章では，電気機械器具について，次のことがらを学んだ。

(1)　電動機

(2)　発電機

(3)　変圧器

(4)　開閉器

(5)　蓄電池

(6)　継電器

【練習問題の解答】

（１）　第４節参照

（２）　第６節参照

（３）　第２節，第３節参照

第6編　機械製図とＪＩＳ規格

第1章　機 械 製 図

学習の目標

共通教科書第1編の製図一般においては，ＪＩＳ Ｚ 8310の製図総則，同Ｚ8114の製図用語をはじめ，製図総則に関する基本規格について学んだ。

機械製図に関するＪＩＳ Ｂ 0001は，前述のＪＩＳ Ｚ 8310を補完する形で制定されているので，重複する部分があった。しかし，ＪＩＳ Ｂ 0001は1999～2000年にかけての見直しでその内容が改訂されており，他方，Ｚ 8114（製図用語）をはじめとする一連の基本規格が1998～1999年において大幅に改訂されたことにより，同規格との重複部分が少なくなっている。

第6編第1章の機械製図については，この新しく改訂されたＪＩＳ Ｂ 0001をもとに学ぶこととする。

第1節　図面の大きさおよび様式

学習のねらい

ここでは，図面の大きさがＡ列サイズによることと，輪郭の寸法などはＪＩＳ Ｚ 8311に準拠して定められていることを学ぶ。

学習の手びき

教科書に示した参照項目（共通教科書第1編）と対応させながら，図面の大きさ，図面に設けなければならない事項などについてよく理解すること。

第2節　尺　　度

学習のねらい

ここでは，機械製図に用いる尺度について学ぶ。

学習の手びき

共通教科書第1編第1章第7節を参照するとともに，本文の2.2尺度についての注意事項をよく理解すること。

第3節　線および文字

学習のねらい

ここでは，次のことがらについて学ぶ。

(1)　機械製図に用いる線

(2)　機械製図に用いる文字

学習の手びき

製図に用いる線の中で，製図総則の表になく，補完した用法（本文表6—8および図6—2）があることと，線の太さ，種類と用途の関係，線の優先順位などについてよく理解すること。また，文字の種類，大きさ，文章表現などについてもよく理解すること。

第4節　投　影　法

学習のねらい

ここでは，機械製図で使用するのは，正投影の第三角法によるが，第一角法および矢示法によってもよい場合があり，それぞれ特長があることを学ぶ。

学習の手びき

第三角法，第一角法および矢示法の特長と描き方について，共通教科書第１編第１章第８節を再確認して，よく理解すること。

第５節　図形の表し方

学習のねらい

ここでは，次のことがらについて学ぶ。

(1)　投影図の表し方　(2)　断面図

(3)　図形の省略　(4)　特殊な図示方法

学習の手びき

学習のねらいにあげた項目は，製図総則の補完事項であるとともに，機械製図においても，設計者の意図を明確に図示するための重要事項なので，よく理解すること。

第６節　寸法記入方法

学習のねらい

ここでは，次のことがらについて学ぶ。

(1)　寸法記入方法の一般原則

(2)　寸法補助線

(3)　寸法線

(4)　寸法数値

(5)　寸法の配置

（直列寸法記入法，並列寸法記入法，累進寸法記入法，座標寸法記入法）

(6)　寸法補助記号

（半径，直径，球の直径または半径，正方形の辺，厚さ，弦および円弧の長さ，面取り，曲線）

(7)　穴の寸法の表し方

(8) キー溝の表し方

(9) テーパ

(10) こう配

(11) 鋼構造物などの寸法表示

(12) 薄肉部の表し方

(13) 加工・処理範囲の指示

(14) 非比例寸法

(15) その他の一般的注意事項

(16) 照合番号

(17) 図面内容の変更

学習の手びき

寸法記号に当たって，まず重要なことは，6.1項に述べている寸法記入方法の一般原則をよく理解すること。そのうえで，具体的な寸法記入方法を身につける必要がある。

第５節の図形の表し方とともに，どのような図形表示に対して，寸法記入をどうするべきかをよく理解すること。なお，照合番号と図面内容の変更の手続きもよく理解すること。

第７節　ＣＡＤ製図

学習のねらい

ここでは，次のことがらについて学ぶ。

(1) 用語

(2) 線と文字

(3) 投影法

(4) 形状の表し方

(5) 寸法記入法

(6) アイコンと材料表示パターン

学習の手びき

ＣＡＤ製図のＪＩＳ規格の内容について理解すること。

第１章の学習のまとめ

この章では，機械製図とＪＩＳ規格について，次のことがらを学んだ。

⑴　機械製図

⑵　尺度

⑶　線および文字

⑷　投影法

⑸　図形の表し方

⑹　寸法の表し方

⑺　ＣＡＤ製図

【練習問題の解答】

（１）　第３節3.1表６―８参照

（２）　第４節参照

（３）　第５節5.2図６―28参照

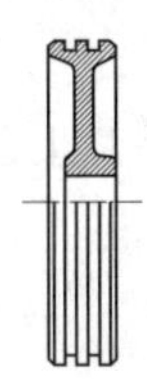

（４）　第６節6.6参照

（５）　第６節6.8参照

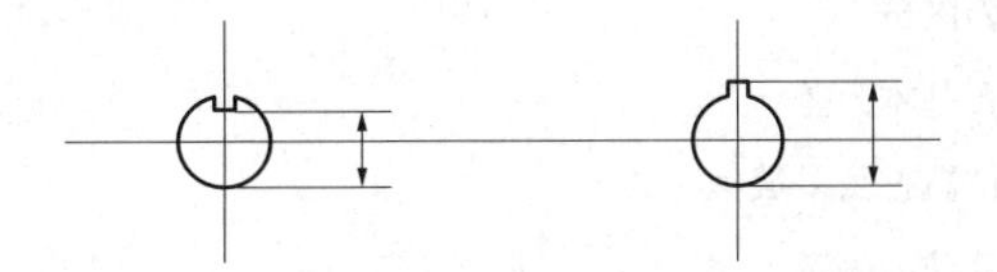

（６）　第７節7.1用語参照

（７）　第７節7.8アイコン参照

（８）　第７節7.8材料表示パターン参照

第２章　機械製図に必要な関連規格

学習の目標

新しいものを作り出すときは，まず設計者が構想を練り，計算し，設計図（計画図）にまとめる。さらに，製品にするためには製作図が必要である。広い意味で製図までの過程を設計製図という。

製図の目的および基本的な製図については，第１編で記述している。

本編第１章ではＪＩＳ Ｂ 0001機械製図を主体として記述してあるが，第２章は，第１章表６―２のＢ0001機械製図を除いて，寸法や形状の精度に関する規格について述べる。

ＪＩＳでは，現在約8,400の規格があり，各規格は５年ごとに見直しされている。そのため，ＪＩＳの使用に当たっては，最新のものを使用する必要がある。

図面は，設計製図者・製作者の間，発注者・受注者の間などで，必要な情報を伝えるものである。

規格などに精通して，完全な図面を描かなければならない。

第１節　寸法公差およびはめあいの方式

学習のねらい

ここでは，次のことがらについて学ぶ。

⑴　公差，寸法差およびはめあいの基礎

⑵　基準寸法の区分

⑶　公差等級と基本公差

⑷　公差域の位置と公差域クラス

⑸　公差付き寸法の表示

⑹　はめあい方式

⑺　寸法許容差と表の見方

⑻　長さ寸法と角度寸法の許容限界記入方法

(9)　普通公差

学習の手びき

寸法公差とはめあいに関する規格を理解して，その記入方法をよく理解すること。

第2節　面の肌の図示方法

学習のねらい

ここでは，次のことがらについて学ぶ。

(1)　表面粗さ

(2)　面の肌の図示方法

学習の手びき

表面粗さと面の肌の図示方法を理解すること。

表面粗さを表すパラメータとして，ＪＩＳはＩＳＯとの整合性を図って，従来の3種類から6種類を採用している。

各パラメータの定義は，高等数学によっているが，すべてのパラメータは，電子工学の発達により，ディジタル形の触針表面粗さ測定器で容易に直読することができる。

従来用いられていた仕上げ記号（▽，～など）は，1994年の改正で，ＪＩＳの附属書から削除されて廃止されたので，以後新規の図面には用いることはできない。

第3節　幾何公差の図示方法

学習のねらい

ここでは，次のことがらについて学ぶ。

(1)　幾何公差とその適用

(2)　幾何公差の図示方法

(3)　普通幾何公差

学習の手びき

幾何公差の定義と表示を理解し，公差の図示方法を理解すること。

従来，例えば真直度公差の記号“—”と称呼していたが，改正ＪＩＳでは，幾何特性真直度の記号“—”と称呼する（教科書表６—31参照）。

幾何公差は，機能的要求，部品の互換性などに基づいて不可欠のところだけに適用する。適用する場合には，当然検査体制が整備されていなければならない。

第４節　寸法と幾何特性との相互依存性

学習のねらい

ここでは，次のことがらについて学ぶ。

⑴　包絡の条件

⑵　最大実体公差方式

学習の手びき

包絡の条件と最大実体公差方式について理解し，その図面指示法を理解すること。

〔参考〕　包絡線：中心線から等距離にある点の軌跡

（第３節3.2表６—33の５輪郭度公差参照）。

第５節　その他の公差と許容差

学習のねらい

ここでは，次のことがらについて学ぶ。

⑴　円すい公差方式

⑵　その他の公差と許容差

学習の手びき

円すい公差方式とその他の公差を理解すること。

第２章の学習のまとめ

この章では，機械製図に関連する規格について，次のことがらを学んだ。

(1)　寸法公差およびはめあいの方式

(2)　面の肌の図示方法

(3)　幾何公差の図示方法

(4)　寸法と幾何特性との相互依存性

(5)　その他の公差と許容差

【練習問題の解答】

（１）　①　第１節1.1(1) a. ④参照

②　同上　⑥，⑦参照

③　同上　⑧参照

④　同上　⑨参照

⑤　同上 b.　⑥参照

⑥　同上　⑧参照

（２）　①　第１節1.6表６―14より，しまりばめ，穴基準はめあい

②　同上表６―16より，穴の上の許容差＋21 μm，穴の下の許容差０

第１節1.1(1) a. ⑧より，寸法公差21 μm

③　第１節1.6表６―17より，軸の上の許容差＋35 μm，軸の下の許容差＋22 μm

第１節1.1(1) a. ⑧より，寸法公差13 μm

④　第１節1.1(1) b. ⑨，⑩より，

最大しめしろ＝30.000―30.035＝―0.035mm

最小しめしろ＝30.021―30.022＝―0.001mm

(注) 負はしめしろ，正はすきまを表す。

（３）　第１節1.8(1) a. 参照

（４）　第１節1.9表６―19普通公差中級を表している。

（５）　第２節2.1(2)～(7)参照

（６）　同上(2)参照

（７）　①　第２節2.2(2) a. 算術平均粗さ上限6.3 μm，下限1.6 μmを表す。

② 同上(3) b. 算術平均粗さ上限3.2 μm，表６―29加工方法フライス削りを表す。

(８) 第３節3.1(2)表６―31参照

(９) 第３節3.2(1)図６―193参照

(10) 第３節3.3例参照

第３章　機械要素の製図

学習の目標

この章では，ねじ，歯車などの機械要素について学習する。

第１節　ねじ製図

学習のねらい

ここでは，次のことがらについて学ぶ。

(1)　通則

(2)　簡略図示方法

(3)　ねじの表し方

(4)　ねじインサート

学習の手びき

ねじ製図とねじの表し方をよく理解すること。

ＪＩＳ B 0002機械製図は，改正ＪＩＳでは，第１部～第３部で構成されている。

第１節1.1(1) b. のねじの通常図示において，側面から見た図が，おねじ，めねじとも従来の図示と異なるので注意が必要である（図６―221，図６―222参照）。　また組み立てられたねじ部品で，めねじ部品の端面を表す線も異なるので注意する（図６―225参照）。

同節(2)ねじ部品の指示および寸法記入において，ねじ呼び径 d は，常におねじの山の頂，めねじの谷底に対して記入する。これも従来の指示と異なる（図６―226参照）。ただし図６―227のように，めねじの場合は，中心線に矢を向けた引出線上に指示してもよい。

ねじおよびねじ部品の種類と用途などについては，第１編第１章を参照のこと（ねじインサートは同章3.4参照）。

第2節 歯車製図

学習のねらい

ここでは，次のことがらについて学ぶ。

(1) 歯車の図示方法

(2) 各種歯車の図示

(3) かみあう歯車の図示

学習の手びき

歯車製図をよく理解すること。

歯車の種類や各部の名称などについては，第1編第5章を参照のこと。

第3節 ばね製図

学習のねらい

ここでは，次のことがらについて学ぶ。

(1) コイルばねの図示方法

(2) 重ね板ばねの図示方法

(3) トーションバー，竹の子ばね，渦巻ばね，皿ばねの図示方法

学習の手びき

ばね製図をよく理解すること。

ばねの種類と用途などについては，第1編第6章を参照のこと。

ばね製図において，トーションバー（ねじり棒ばね）が新しく追加された（第3節3.3図6―261参照)。

コイルばねの中間部省略図では，ばねの外径などに引いていた想像線が削除された（第3節3.1図6―256参照)。

下図はコイルばねの作図要領を示したものである。

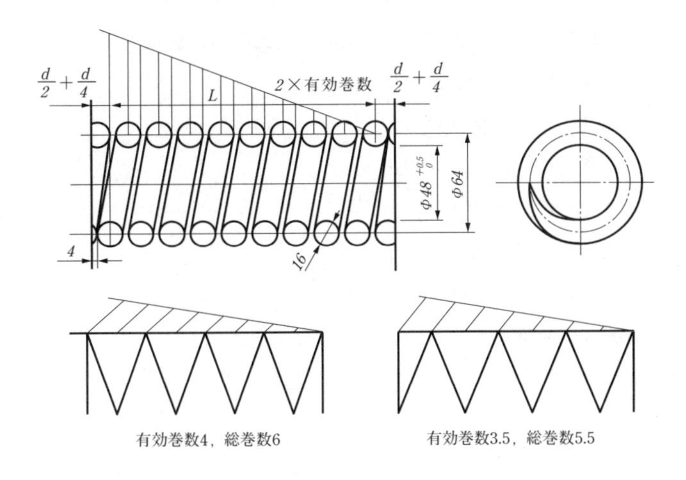

有効巻数4，総巻数6　　有効巻数3.5，総巻数5.5

第４節　転がり軸受製図

学習のねらい

ここでは，転がり軸受の簡略図示方法について学ぶ。

学習の手びき

転がり軸受製図をよく理解すること。

転がり軸受の構造や種類などについては，第１編第４章第２節を参照のこと。

第３章の学習のまとめ

この章では，機械要素の製図規格について，次のことがらを学んだ。

(1)　ねじ製図

(2)　歯車製図

(3)　ばね製図

(4)　転がり軸受製図

【練習問題の解答】

（1）　第1節1.1(1) b. 図6—221おねじ，図6—222めねじ参照

（2）　①　第1節1.1(2) a. 例a）参照

　　　②　　同上　　　a. 例d）参照

　　　③　第1節1.3(1)表6—38参照

　　　④　第1節1.4(2)例参照

（3）　第2節2.1(1)参照

（4）　第2節2.3(3)図6—249参照

（5）　第3節3.1(1)参照

（6）　第3節3.2参照

（7）　第4節図6—265参照

（8）　①　単列円すいころ軸受（表6—40参照）

　　　②　単式スラスト玉軸受（表6—43参照）

　　　③　複列深溝玉軸受（表6—40参照）

第４章　特殊な部分の製図および記号

学習の目標

この章では，センタ穴の図示方法と油圧，空気圧用図記号について学習する。

第１節　センタ穴の図示方法

学習のねらい

ここでは，センタ穴の図示方法について学ぶ。

学習の手びき

センタ穴の図示方法をよく理解すること。

第２節　油圧および空気圧用図記号

学習のねらい

ここでは，油圧および空気圧用図記号について学ぶ。

学習の手びき

油圧，空気圧用図記号を理解すること。

第４章の学習のまとめ

この章では，特殊な部分の製図および記号について，次のことがらを学んだ。

(1)　センタ穴の図示方法

(2)　油圧および空気圧用図記号

【練習問題の解答】

（1）　第1節表6—44参照

（2）　①　第2節表6—47，7—1参照

　　　②　第2節表6—47，13—1，15—1参照

　　　③　第2節表6—47，19—1，19—2参照

一級技能士コース
機械・プラント製図科　教科書・選択〔指導書〕

平成３年３月25日　初版発行
平成12年10月10日　改訂版発行

編集者　雇用・能力開発機構
職業能力開発総合大学校 能力開発研究センター

発行者　財団法人 職業訓練教材研究会

東京都新宿区戸山１―15―10　電話 03（3202）5671